G高等应用数学

（中高职衔接版）

GAODENG YINGYONG SHUXUE

◎主　编　詹　鸿　朱志雄
◎副主编　黄　慎　杨树清
◎参　编　夏耀卿　吴利斌
　　　　　申　郑　李海霞

華中科技大學出版社
http://www.hustp.com
中国·武汉

内容提要

本教材根据编者多年高职高专的教学实践，并结合高职高专人才培养方案与高等数学课程的教学大纲，针对中职学生入学的数学基础编写而成.

本教材主要包括集合、因式分解与不等式，函数，函数的极限与连续，导数及其应用，不定积分，定积分及其应用等共六章内容.每章设有导读、正文、习题、数学小故事等四个部分.教材的内容主要针对中职学校毕业进入高职高专学校学习的学生而安排设计.教材简化了很多理论，重点突出实用性和适用性，强调以会用为原则.同时，也根据各专业人才后续培养方案对数学课程的不同要求，介绍一些与专业相关的数学应用例题.如涉及工科学习中的物理应用，也有诸如边际函数等经济学专业的内容.考虑到学生的数学基础，还专门增加了常用的初等数学公式、常用微积分计算公式和法则等附录，方便学生学习和查阅.

本教材以实际应用与服务专业课程为目的，注重数学概念的实际背景与直观引入，逻辑清晰、叙述准确、通俗易懂，教学对象的针对性很强.本教材可作为高职高专院校各专业的数学教材，亦可作为各专业领域的教学参考书与学生的课外辅导书.

图书在版编目(CIP)数据

高等应用数学：中高职衔接版/詹鸿，朱志雄主编.—武汉：华中科技大学出版社，2017.9(2021.9重印)

ISBN 978-7-5680-3259-9

Ⅰ.①高… Ⅱ.①詹… ②朱… Ⅲ.①应用数学-中等专业学校-教材 Ⅳ.①O29

中国版本图书馆CIP数据核字(2017)第187211号

高等应用数学(中高职衔接版)
Gaodeng Yingyong Shuxue

詹 鸿 朱志雄 主编

策划编辑：曾 光
责任编辑：段亚萍
封面设计：孢 子
责任监印：朱 玢

出版发行：华中科技大学出版社(中国·武汉) 电话：(027)81321913
武汉市东湖新技术开发区华工科技园 邮编：430223

录 排：武汉正风天下文化发展有限公司
印 刷：武汉市洪林印务有限公司
开 本：710mm×1000mm 1/16
印 张：10.25
字 数：206千字
版 次：2021年9月第1版第4次印刷
定 价：29.00元

前　言

高职高专数学教育课程的根本任务是培养与提高学生应用数学知识解决实际问题的意识与能力.高等数学不仅仅是学习专业课的基础工具,而且是培养学生的理性思维能力与创新能力的最重要的课程之一.为适应现代高职高专人才培养方案对数学课程的教学要求,本着以应用为目的,以够用为原则,以数学思想方法与计算能力为主线,针对中职学生入学的数学基础,我们组织长期担任"高等数学"课程教学任务的教师精心编写了本教材.

本教材以实际应用与服务专业课程为目的,注重数学概念的实际背景与直观引入.在结构上,本书分为六章,每章分为导读、正文、习题、数学小故事等四个部分,以利于学生掌握数学思想方法,培养学生应用数学的意识.计划学时数为36~54学时.

本教材的特色是:

1.符合高职高专数学教育课程的纲目,突出了数学思想方法与数学的应用性,降低了传统数学的逻辑推理要求,通俗易懂.

2.针对中职入高职的学生的数学基础,为了使他们能更好而顺利地学习高等数学,以够用为原则,增加了集合、因式分解、不等式及幂函数、指数函数、对数函数、三角函数、反三角函数等初高中数学中最基础性的内容.

3.针对各专业人才后续培养方案对数学课程的不同要求,介绍了一些与专业相关的数学应用例题.如涉及工科学习中的物理应用例题,也有诸如边际函数等经济学专业的内容.

4.针对高职高专学生的特点,我们对课后习题进行了科学的编排,降低练习题的难度,以会用为原则,以利于学生进行练习与巩固.

5.第一、二章为学习高等数学的预备知识,既有助于教师根据学生情况灵活地进行教学,也可供学生复习;附录中列出了常用的初等数学公式、常用微积分计算公式和法则,方便学生学习和查找.

6.每章后面的数学小故事简要地介绍了数学发展的历史背景与一些数学家,以及数学家对数学发展所作的贡献,让学生了解到数学来源于实际及数学对人类社会进步与科学发展的重要影响,提高学生对数学重要性的认识.

全书由朱志雄组织编写,最后由詹鸿统稿.参加本书编写的有詹鸿、朱志雄、黄慎、杨树清、夏耀卿、吴利斌、申郑、李海霞.

本教材在编写过程中,得到了华中科技大学出版社职教分社相关人员的大力帮助和支持,在此对他们表示衷心的感谢!

由于编者水平有限、时间仓促,本教材不妥之处在所难免,恳请读者提出批评意见,以便再版时更正.

编者

2017 年 8 月

目 录

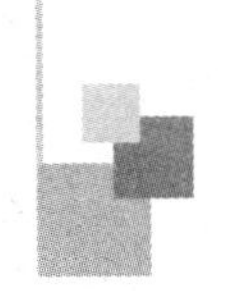

第一章　集合、因式分解与不等式

本章导读

集合是数学中最基本的概念之一，它的有关概念和基本知识，已被广泛地运用于数学的各个领域，掌握集合的有关知识，对于进一步学习数学有着极其重要的意义；因式分解是把一个多项式在一定范围化为几个整式的积的形式，是最重要的恒等变形之一，广泛地应用于初等数学，是解决许多数学问题的有力工具；不等式是研究不等关系的重要工具，现实世界中也存在着大量的等量关系与不等关系，解决现实世界中的问题，不仅要研究等量关系，还要研究不等关系. 本章将介绍集合的一些基本概念与简单运算；介绍几种常用的因式分解方法；在已学过的不等式知识的基础上，进一步研究不等关系，提升计算技能. 为数学课程及其他科学知识的学习奠定基础.

1.1　集　　合

1.1.1　集合的概念与表示法

在日常生活中，我们常常把具有某种特征的对象放在一起，作为一个整体进行研究，例如：

(1) 某校计算机专业的全体学生；

(2) 所有直角三角形；

(3) 方程 $x^2-1=0$ 的所有解.

它们分别是由学生、图形、数组成的，每组的对象都具有某种特征. 在数学中，如果把这些能够确定特征的对象看成一个整体，那么如何进行表述和研究呢？

具有某种特定性质的具体的或抽象的对象汇总成的集体称为**集合**，简称**集**. 组成集合的每个对象称为该集合的**元素**.

一般采用大写字母 $A,B,C,\cdots$ 表示集合，小写字母 $a,b,c,\cdots$ 表示集合的元素.

如果 a 是集合 A 的元素，就说 a **属于** A，记作 $a\in A$. 如果 a 不是集合 A 的元素，就说 a **不属于** A，记作 $a\notin A$.

集合中的元素有三个特征：

(1) **确定性**　集合中的元素必须是确定的. 即任给一个元素，该元素或者属于或者不属于该集合,二者必居其一,不允许有模棱两可的情况出现.

(2) **互异性**　集合中的元素互不相同.例如:集合 $A=\{1,a\}$,则 a 不能等于1.

(3) **无序性**　集合中的元素没有先后次序之分.如集合 $\{1,2,3\}$ 和 $\{3,2,1\}$ 应视为同一个集合.

例1　不等式 $x^2-1>0$ 的所有解,能否组成集合?

解　解不等式 $x^2-1>0$,得 $x>1$ 或 $x<-1$,它们是确定的对象,所以可以组成集合.

注　组成集合的对象是确定的,对于任何一个对象,或者属于这个集合,或者不属于这个集合,二者必居其一.

例1中,集合的元素是大于1或小于-1的实数.这种由数组成的集合,称为**数集**.

一般地,把含有有限个元素的集合叫作**有限集**,含有无限个元素的集合叫作**无限集**.

不含任何元素的集合称为**空集**,记作 $\varnothing$.例如在实数范围内,方程 $x^2+1=0$ 的解集为空集.

下面是一些常用的数集及其记法.

全体非负整数的集合通常简称非负整数集(或自然数集),记作 $\mathbf{N}$;

非负整数集内排除0的集,也称正整数集,表示成 $\mathbf{N}^*$ 或 $\mathbf{N}^+$;

全体整数的集合通常简称整数集,记作 $\mathbf{Z}$;

全体有理数的集合通常简称有理数集,记作 $\mathbf{Q}$($\mathbf{Q}^+$ 表示正有理数集合);

全体实数的集合通常简称实数集,记作 $\mathbf{R}$($\mathbf{R}^+$ 表示正实数集合).

1.1.2　元素与集合的关系及符号表示

1. 集合表示方法

(1) **列举法**　按任意顺序列出集合的所有元素,并用大括号{}括起来.

例2　由 a、b、c、d 四个元素组成的集合,可表示为

$$A=\{a,b,c,d\}.$$

例3　用列举法表示大于 -4 且小于12的所有偶数组成的集合.

解　$\{-2,0,2,4,6,8,10\}$.

注　由一个元素构成的集合,例如 $\{a\}$,要与它的元素 a 加以区别,a 是元素,而 $\{a\}$ 表示一个集合.

(2) **描述法**　把集合中的所有元素的共同特征描述出来,写在大括号内表示集合的方法.

如果属于集合 A 的任意一个元素 x 都具有性质 $p(x)$,而不属于集合 A 的元素都不具有性质 $p(x)$,则性质 $p(x)$ 叫作**集合 A 的特征性质**.

于是,集合 A 可用它的特征性质 $p(x)$ 表示为:$A=\{x\in I\mid p(x)\}$

例 4　用描述法表示全体偶数的集合.

解　$A=\{x \mid x=2n, n \text{ 为整数}\}$.

例 5　求方程 $x^2-5x-6=0$ 的解集.

解　方程 $x^2-5x-6=0$ 的解集可用描述法表示成$\{x\in \mathbf{R} \mid x^2-5x-6=0\}$集合的形式;方程的解为 $x_1=-1, x_2=6$,故方程的解集也可用列举法表示为$\{-1,6\}$.

注　在某种约定下,x 的取值集合可省略不写.例如在实数集 $\mathbf{R}$ 中取值,$x\in\mathbf{R}$ 常常省略不写.例如$\{x \mid x^2-1=0\}$.

2. 集合与集合之间的关系

一般地,如果集合 A 的任何元素都是集合 B 的元素,那么集合 A 称作集合 B 的**子集**.记作 $A\subseteq B$ 或者 $B\supseteq A$,读作"A 包含于 B"或者"B 包含 A".

注　根据定义,对于任何集合 A,有 $A\subseteq A$;

由于空集是不含任何元素的集合,所以空集是任何集合的子集,即对于任何集合 A 有:$\varnothing\subseteq A$.

如果集合 A 是集合 B 的子集,且集合 B 中至少有一个元素不属于 A,那么称集合 A 是集合 B 的真子集,记作 $A\subset B$ 或者 $B\supset A$,读作"A 真包含于 B"或者"B 真包含 A".

我们常用平面上一个封闭曲线的内部表示一个集合(见图 1-1).如果集合 A 是集合 B 的真子集,则把表示 A 的区域画在表示 B 的区域内部(见图 1-2),这种图形通常叫作**文氏图**.

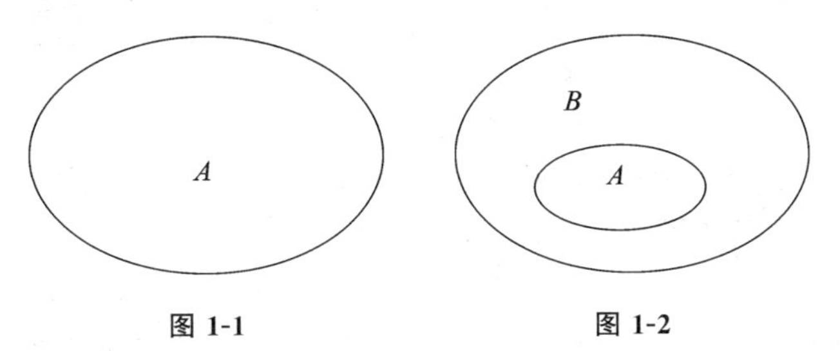

图 1-1　　图 1-2

根据子集、真子集的定义可推知:

对于集合 A,B,C,如果 $A\subseteq B, B\subseteq C$,则 $A\subseteq C$;

对于集合 A,B,C,如果 $A\subset B, B\subset C$ 则 $A\subset C$.

如果两个集合的元素完全相同,那么我们就说这两个集合相等.集合 A 等于集合 B,记作

$$A=B.$$

由相等的定义,可得:

如果 $A\subseteq B$ 且 $B\subseteq A$,那么 $B=A$;反之,如果 $B=A$,那么 $A\subseteq B$ 且 $B\subseteq A$.

例 6　写出集合$\{a,b\}$的所有子集与所有真子集.

解　$\{a,b\}$的所有子集是:$\varnothing,\{a\},\{b\},\{a,b\}$.

$\{a,b\}$的所有真子集是:$\varnothing,\{a\},\{b\}$.

例 7　写出下列集合之间的关系:

(1) $A=\{2,4,5,7\},B=\{2,5\}$;

(2) $E=\{x|x$是正偶数$\},F=\{x|x$是正整数$\}$.

解　(1) $B\subset A$;

(2) $E\subset F$.

1.1.3　集合的运算

1. 交集

我们先观察下列集合:$A=\{1,3,5,7\},B=\{2,3,4,5\},C=\{3,5\}$. 容易发现集合$C$的元素既属于$A$又属于$B$.

设A和B是两个集合,把所有属于A且属于B的元素组成的集合称为A和B的交集,记作$A\cap B$,读作"A交B".

即$A\cap B=\{x\mid x\in A$,且$x\in B\}$,用文氏图表示如图1-3所示.

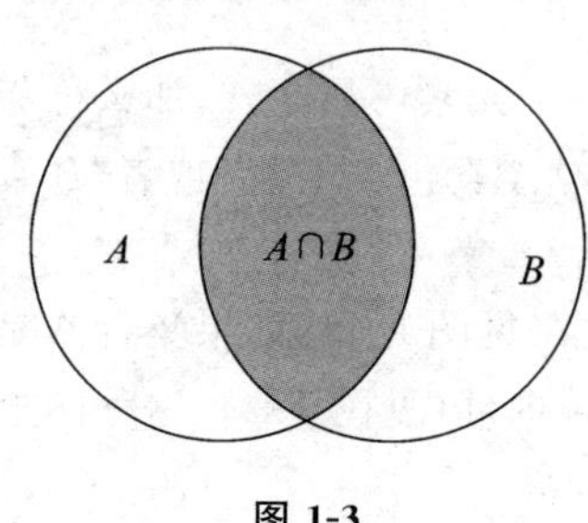

图 1-3

因此,上述三个集合的关系为$A\cap B=C$.

例 8　设$A=\{1,2,3,4,5\},B=\{2,3,4,5,6\}$,求$A\cap B$.

解　$A\cap B=\{2,3,4,5\}$.

例 9　已知$A=\{$等腰三角形$\},B=\{$直角三角形$\}$,求$A\cap B$.

解　$A\cap B=\{$等腰直角三角形$\}$.

例 10　已知$A=\{x\mid x>2\},B=\{x\mid x\leqslant 3\}$,求$A\cap B$.

解　$A\cap B=\{x\mid x>2\}\cap\{x\mid x\leqslant 3\}=\{x\mid 2<x\leqslant 3\}$.

例 11　已知$A=\{$奇数$\},B=\{$偶数$\},C=\{$整数$\}$,求$A\cap B,B\cap C,A\cap C$.

解　$A\cap B=\{$奇数$\}\cap\{$偶数$\}=\varnothing,B\cap C=\{$偶数$\}\cap\{$整数$\}=\{$偶数$\}=B$,

$A\cap C=\{$奇数$\}\cap\{$整数$\}=\{$奇数$\}=A$.

根据定义及上述例题,可得:

(1) $A\cap A=A$;

(2) $A\subset B$,则$A\cap B=A$;

(3) $A\cap\varnothing=\varnothing$.

2. 并集

设 A 和 B 是两个集合，把所有属于 A 或属于 B 的元素组成的集合称为 A 和 B 的**并集**，记作 $A \cup B$，读作"A 并 B".

即 $A \cup B = \{x \mid x \in A, \text{或 } x \in B\}$，用文氏图表示如图 1-4 和图 1-5 所示.

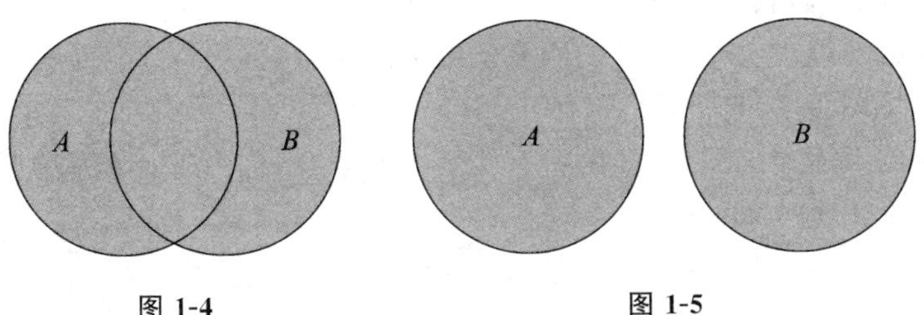

图 1-4　　　　图 1-5

例 12　已知 $A = \{\text{奇数}\}$，$B = \{\text{偶数}\}$，$C = \{\text{整数}\}$，求 $A \cup B$，$B \cup C$.

解　$A \cup B = \{\text{奇数}\} \cup \{\text{偶数}\} = \{\text{整数}\} = C$，

$B \cup C = \{\text{偶数}\} \cup \{\text{整数}\} = \{\text{整数}\} = C$.

例 13　设 $A = \{1,2,3,4,5\}$，$B = \{2,3,4,5,6\}$，求 $A \cup B$.

解　$A \cup B = \{1,2,3,4,5,6\}$.

例 14　已知 $A = \{x \mid x > 2\}$，$B = \{x \mid x \leqslant 2\}$，求 $A \cup B$.

解　$A \cup B = \{x \mid x > 2\} \cup \{x \mid x \leqslant 2\} = \{x \mid -\infty < x < +\infty\} = \mathbf{R}$

例 15　已知 $A = \{\text{等腰三角形}\}$，$B = \{\text{直角三角形}\}$，求 $A \cup B$.

解　$A \cup B = \{\text{等腰三角形}\} \cup \{\text{直角三角形}\} = \{\text{等腰三角形或直角三角形}\}$

根据定义及上述例题，可得：

(1) $A \cup A = A$；

(2) $A \subset B$，则 $A \cup B = B$；

(3) $A \cup \varnothing = A$.

3. 补集

我们在研究某些集合时，这些集合常常都是一个给定集合的子集，那么称这个给定的集合为**全集**，记作 U.

全集 U 包含了我们所研究的全部元素，如在研究数集时，常把实数集 $\mathbf{R}$ 作为全集.

设 A 和 B 是两个集合，且 $A \subseteq B$，那么由 B 中所有不属于 A 的元素组成的集合称为 B 的子集 A 的**补集**，记作 $C_B A$（见图 1-6）.

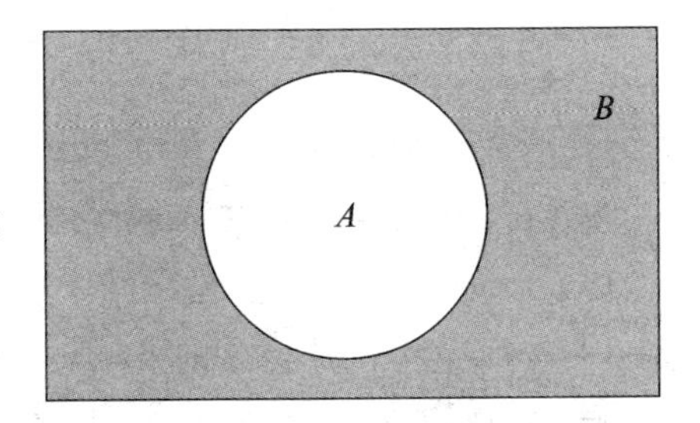

图 1-6

例 16　设 $A = \{2,4\}$，$B = \{1,2,3,4,5\}$，求 $C_B A$.

解　$C_B A = \{1,3,5\}$.

例 17 已知 $A=\{$奇数$\}$,$B=\{$整数$\}$,求 C_BA.

解 $C_BA=\{$整数中去掉奇数$\}=\{$偶数$\}$.

1.1.4 区间

设 a、b 为实数,且 $a<b$,则:

(1) 满足不等式 $a<x<b$ 的所有实数 x 的集合,称为以 a,b 为端点的**开区间**,记作(a,b),见图 1-7,即$(a,b)=\{x\mid a<x<b\}$;

(2) 满足不等式 $a\leqslant x\leqslant b$ 的所有实数 x 的集合,称为以 a,b 为端点的**闭区间**,记作$[a,b]$,见图 1-8,即$[a,b]=\{x\mid a\leqslant x\leqslant b\}$;

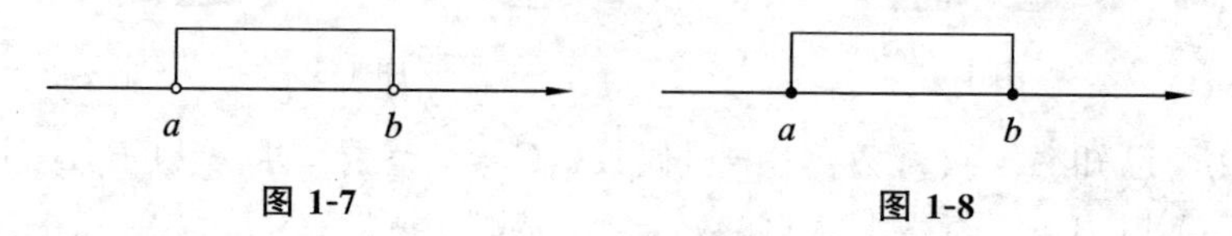

图 1-7　　图 1-8

(3) 满足不等式 $a<x\leqslant b$ 或 $a\leqslant x<b$ 的所有实数 x 的集合,称为以 a,b 为端点的**半开半闭区间**,记作$(a,b]$ 或$[a,b)$,见图 1-9,即$(a,b]=\{x\mid a<x\leqslant b\}$ 或$[a,b)=\{x\mid a\leqslant x<b\}$.

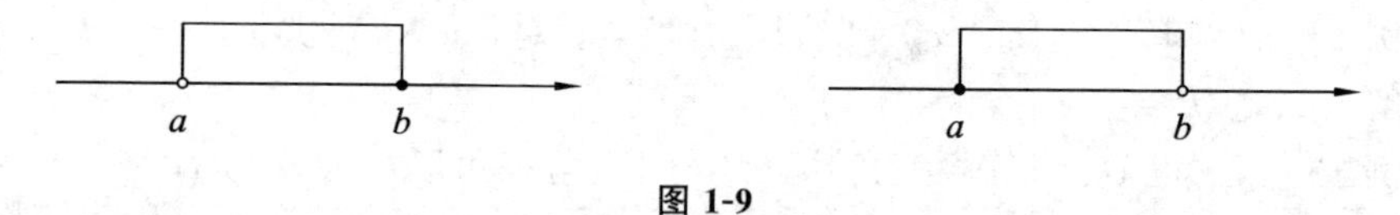

图 1-9

以上三种区间为**有限区间**,有限区间右端点 b 与左端点 a 的差为 $b-a$,称为**区间的长**.

还有下面几类无限区间:

(4) $(a,+\infty)=\{x\mid x>a\}$　$[a,+\infty)=\{x\mid\geqslant a\}$,见图 1-10;

(5) $(-\infty,b)=\{x\mid x<b\}$　$(-\infty,b]=\{x\mid x\leqslant b\}$,见图 1-11;

(6) $(-\infty,+\infty)=\{x\mid-\infty<x<+\infty\}$,即全体实数的集合.

图 1-10　　图 1-11

例 18 用区间表示下列集合,并在数轴上表示这些区间.

(1) $\{x\mid-2\leqslant x\leqslant 3\}$; (2) $\{x\mid-3<x\leqslant 4\}$; (3) $\{x\mid x\leqslant 0\}$;
(4) $\{x\mid x\leqslant-2$ 或 $x\geqslant 3\}$.

解 (1)$\{x\mid-2\leqslant x\leqslant 3\}$ 可表示为区间$[-2,3]$,在数轴上的表示如图 1-12 所示;

(2) $\{x \mid -3 < x \leqslant 4\}$ 可表示为区间$(-3,4]$,在数轴上的表示如图 1-13 所示;

图 1-12　　图 1-13

(3) $\{x \mid x \leqslant 0\}$ 可表示为区间$(-\infty,0]$,在数轴上的表示如图 1-14 所示;

(4) $\{x \mid x \leqslant -2$ 或 $x \geqslant 3\}$ 可表示为$(-\infty,-2]$或$[3,+\infty)$,在数轴上的表示如图 1-15 所示.

图 1-14　　图 1-15

习　题　1.1

1. 用符号 $\in$ 或者 $\notin$ 填空:

(1) -3 ____ **N**;　(2) 3.14 ____ **Q**;　(3) $-\dfrac{1}{2}$ ____ **R**.

2. 用适当的方法表示下列集合:

(1) 构成英语单词 mathematics(数学)字母的全体;

(2) 方程 $x^3 + 2x^2 - 3x = 0$ 的解集;

(3) 绝对值小于 3 的整数的全体.

3. 指出下列各对集合之间的关系:

(1) $A = \{x \mid x$ 是等边三角形$\}$,$B = \{x \mid x$ 是等腰三角形$\}$;

(2) $E = \{x \mid x$ 是能被 3 整除的整数$\}$,$F = \{x \mid x$ 是能被 6 整除的整数$\}$.

1.2　因式分解基本方法

把一个多项式写成几个整式乘积的形式,这样的式子变形称作这个多项式的**因式分解**,或者**分解因式**.

因式分解与整式乘法是相反方向的变形.

例如:

$$x^2 - 1 = (x+1)(x-1).$$

因式分解主要有提公因式法、公式法、十字相乘法等.

1.2.1　提公因式法

如果一个多项式的各项有公因式,可以把这个公因式提出来,从而将多项式化

成两个因式乘积的形式,这种分解因式的方法叫作提公因式法. 例如,

$$ma+mb+mc,$$

它的各项都有一个公共的因式 m,我们把因式 m 叫作这个多项式各项的**公因式**.

由于

$$ma+mb+mc=m(a+b+c),$$

这样就把 $ma+mb+mc$ 分解成两个因式乘积的形式,其中一个因式是各项的公因式.

例 1　把多项式 $3x^4y^2-6x^2y^3+12x^3y$ 分解因式.

解　**分析**　该多项式的系数都是3的倍数,所以,常数3是其公因式,提取3得,

$$3x^4y^2-6x^2y^3+12x^3y=3(x^4y^2-2x^2y^3+4x^3y),$$

在新多项式 $x^4y^2-2x^2y^3+4x^3y$ 中 x^2 是公因式,提取 x^2 得,

$$3(x^4y^2-2x^2y^3+4x^3y)=3x^2(x^2y^2-2y^3+4xy),$$

在多项式 $x^2y^2-2y^3+4xy$ 中 y 是公因式,提取 y 得,

$$3x^2(x^2y^2-2y^3+4xy)=3x^2y(x^2y-2y^2+4x),$$

综合上述三步,可以得出,$3x^2y$ 是多项式的公因式,因此,将它提出来得,

$$3x^4y^2-6x^2y^3+12x^3y=3x^2y(x^2y-2y^2+4x).$$

提公因式法有以下基本步骤:

(1) 找出公因式;

(2) 提公因式并确定另一个因式.

注　(1) 第一步找公因式可按照确定公因式的方法先确定系数,再确定字母的公因式;

(2) 第二步提公因式并确定另一个因式,注意要确定另一个因式,可用原多项式除以公因式,所得的商即是提公因式后剩下的一个因式,也可用公因式分别去除原多项式的每一项,求得剩下的另一个因式;

(3) 提完公因式后,另一因式的项数与原多项式的项数相同.

1.2.2　公式法

利用已知的乘法公式,如,

$$(a+b)^2=a^2+2ab+b^2,$$
$$(a-b)^2=a^2-2ab+b^2,$$
$$(a+b)(a-b)=a^2-b^2,$$
$$(a+b)(a^2-ab+b^2)=a^3+b^3,$$
$$(a-b)(a^2+ab+b^2)=a^3-b^3,$$

反过来,可以将多项式分解因式,这种方法叫作**公式法**.

具体公式为:

$$a^2+2ab+b^2=(a+b)^2,$$
$$a^2-2ab+b^2=(a-b)^2,$$
$$a^2-b^2=(a+b)(a-b),$$
$$a^3+b^3=(a+b)(a^2-ab+b^2),$$
$$a^3-b^3=(a-b)(a^2+ab+b^2).$$

如多项式 $x^2-4=x^2-2^2=(x+2)(x-2)$；

又如多项式 $y^2-10y+25=y^2-2\cdot y\cdot 5+5^2=(y-5)^2$.

例 2　将下列多项式分解因式：

(1) x^2+6x+9；　(2) $x^2-10x+25$；　(3) $9-4x^2$；　(4) x^3-27y^3；

(5) $3ax^2+6axy+3ay^2$；　(6) $(a+b)^2-12(a+b)+36$.

解　(1) $x^2+6x+9=x^2+2\cdot 3x+3^2=(x+3)^2$；

(2) $x^2-10x+25=x^2-2\cdot 5x+5^2=(x-5)^2$；

(3) $9-4x^2=3^2-(2x)^2=(3+2x)(3-2x)$；

(4) $x^3-27y^3=x^3-(3y)^3=(x-3y)[x^2+x\cdot(3y)+(3y)^2]$

$=(x-3y)(x^2+3xy+9y^2)$.

(5) $3ax^2+6axy+3ay^2=3a(x^2+2xy+y^2)=3a(x+y)^2$；

(6) $(a+b)^2-12(a+b)+36=[(a+b)-6]^2$.

1.2.3　十字相乘法

因为多项式的乘法是分解因式的相反运算，不妨反过来，从多项式的乘法入手分析因式分解的方法.

由 $(x+a)(x+b)=x^2+(a+b)x+ab$ 可知：

对于二次多项式 x^2+px+q 而言，如果能找到常数 a,b，使得 $a+b=p,a\cdot b=q$，则 $x^2+px+q=x^2+(a+b)x+ab=(x+a)(x+b)$.

例如在二次多项式 x^2+3x+2 中，

因为 $(+1)+(+2)=+3$　←　一次项系数

$(+1)\times(+2)=+2$　←　常数项

所以，原式 $=(x+1)(x+2)$，我们可以画一个十字交叉图来表示其特点，如图 1-16 所示.

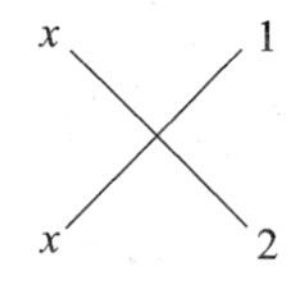

图 1-16

(1) 交叉相乘之和是一次项，即 $2x+1x=3x$；

(2) 竖向相乘分别是二次项和常数项，即 x^2 和 2.

这种利用十字交叉线来分解因式，把二次三项式分解因式的方法叫作**十字相乘法**.

对于二次多项式 $x^2+(a+b)x+ab$，事实上有，

$$x^2+(a+b)x+ab=x^2+ax+bx+ab=(x^2+ax)+(bx+ab)$$

$$= x(x+a)+b(x+a)=(x+a)(x+b),$$

这样就有公式 $x^2+(a+b)x+ab=(x+a)(x+b)$.

例 3　把 x^2-2x-8 分解因式.

分析　x^2-2x-8 中的二次项系数是1,常数项 $-8=(-4)\times 2$,一次项系数 $-2=(-4)+2$,见图 1-17,这是一个 $x^2+(a+b)x+ab=(x+a)(x+b)$ 型的式子.

解　$x^2-2x-8=(x-4)(x+2)$.

例 4　将 $3x^2+2x-8$ 分解因式.

分析　$3x^2+2x-8$ 中的二次项系数是3,常数项 $-8=+4\times(-2)$,一次项 $+2x=3x\cdot 2+x\cdot(-4)$,见图 1-18.

解　$3x^2+2x-8=(3x-4)(x+2)$.

图 1-17　　**图 1-18**

注　(1) 当二次项系数不是1时,往往需要多次试验.

(2) 务必注意各项系数的符号.

习　题　1.2

请将下列多项式分解因式:

(1) $x^2+x+\frac{1}{4}$;　　(2) $4x^2+4x+1$;

(3) $x^2+7x+10$;　　(4) $x^2+7x-18$;

(5) $2y^2-7y+3$;　　(6) $5x^2+6xy-8y^2$.

1.3　不　等　式

1.3.1　不等式的概念与性质

1. 不等式的概念

我们知道,实数可以用数轴上的点来表示,因此,要比较两个实数 a 和 b 的大小,只要考察它们的差就可以了,于是我们可以得到:

如果 $a-b>0$,那么 $a>b$;

如果 $a-b<0$,那么 $a<b$;

如果 $a-b=0$,那么 $a=b$.

反过来,

如果 $a>b$,那么 $a-b>0$;

如果 $a<b$,那么 $a-b<0$;

如果 $a=b$,那么 $a-b=0$.

例 1　比较 $(x+3)(x-5)$ 和 $(x+2)(x-4)$ 的大小.

解　$\because (x+3)(x-5)-(x+2)(x-4)=x^2-2x-15-x^2+2x+8=-7<0$

$\therefore (x+3)(x-5)<(x+2)(x-4)$

对于两个不等式而言:

(1) 如果在两个不等式中,左边都大于右边,或者左边都小于右边,则称这两个不等式为**同向不等式**. 如不等式 $a>b$ 与不等式 $c>d$ 是同向不等式,不等式 $a<b$ 与不等式 $c<d$ 是同向不等式.

(2) 如果在两个不等式中,一个不等式的左边大于右边,而另一个不等式的左边小于右边,则称这两个不等式为**异向不等式**. 如不等式 $a>b$ 与不等式 $c<d$ 是异向不等式.

2. 不等式的基本性质

性质 1(传递性)　如果 $a>b,b>c$,则 $a>c$.

性质 2(加法法则)　如果 $a>b$,则 $a+c>b+c$.

性质 2 表明,不等式的两边同时加上(或同时减去)同一个实数,不等号的方向不变.

性质 3(乘法法则)　如果 $a>b,c>0$,则 $ac>bc$;

如果 $a>b,c<0$,则 $ac<bc$.

性质 3 表明,如果不等式两边都乘以同一个正数,则不等号的方向不变;如果都乘同一个负数,则不等号的方向改变.

性质 4　如果 $ab>0$ 或 $\frac{b}{a}>0(a\neq 0)$,则 $a>0$ 且 $b>0$ 或 $a<0$ 且 $b<0$;

如果 $ab<0$ 或 $\frac{b}{a}<0(a\neq 0)$,则 $a>0$ 且 $b<0$ 或 $a<0$ 且 $b>0$.

推论 1　如果 $a+b>c$,则 $a>c-b$.

这说明,不等式中任何一项,变号后可以从一边移到另一边.

推论 2　如果 $a>b$ 且 $c>d$,则 $a+c>b+d$.

这说明,两个或几个同向不等式,两边分别相加,所得的不等式与原不等式同方向.

推论 3　如果 $a>b>0$,且 $c>d>0$,则 $ac>bd$.

这说明,两个或几个两边都是正数的同向不等式,把它们的两边分别相乘,所得的不等式与原不等式同向.

例 2 已知 $a > b > 0, c > d > 0$,求证 $ac > bd$.

证明 因为 $a > b, c > 0$,由不等式的性质 3 知 $ac > bc$,
同理由于 $c > d, b > 0$,故 $bc > bd$,
因此,由不等式的性质 1(传递性)可得 $ac > bd$.

例 3 证明:如果 $a > b$,则 $a^2 + b^2 > 2ab$.

证明 $\because a > b, a - b > 0$

$\therefore (a-b)^2 > 0$,即 $a^2 + b^2 - 2ab > 0$

$\therefore a^2 + b^2 > 2ab$

1.3.2 一元不等式

1. 一元一次不等式

若不等式中,未知数的个数是 1,且它的次数为 1,这样的不等式叫作**一元一次不等式**,如 $2x + 3 > 4, x + 2 < 3$ 等.

使不等式成立的未知数的值的全体,通常称为这个**不等式的解集**.

例 4 解不等式 $2(x+1) + \frac{x-2}{3} > \frac{3x}{2} - 1$

解 不等式两边同时乘 6,可得,

$$12(x+1) + 2(x-2) > 9x - 6,$$

展开得,$12x + 12 + 2x - 4 > 9x - 6$,
移项(将含未知数 x 的项移至不等式左边,常数项移至不等式的右边)得,

$$12x + 2x - 9x > -6 - 12 + 4,$$

整理得,
$$5x > -14,$$

不等式两边同时乘 $\frac{1}{5}$ 得,
$$x > -\frac{14}{5}.$$

注 解一元一次不等式的步骤归纳如下:

(1) 去分母;

(2) 去括号;

(3) 移项;

(4) 合并同类项,化成不等式 $ax > b(a \neq 0)$ 的形式;

(5) 不等式两边都除以未知数的系数,得出不等式的解集.

2. 一元一次不等式组

两个或两个以上的一元一次不等式组成的不等式组叫作**一元一次不等式组**.
一元一次不等式组中所有不等式解集的公共部分,通常称为这个**不等式组的解集**.

根据一元一次不等式和一元一次不等式组解集的定义，可以得到如下结论：

设 $a < b$，则，

(1) $\begin{cases} x > a \\ x > b \end{cases}$ 的解集为 $\{x \mid x > b\}$（同向不等式组的解集为“大于大的”）；

(2) $\begin{cases} x < a \\ x < b \end{cases}$ 的解集为 $\{x \mid x < b\}$（同向不等式组的解集为“小于小的”）；

(3) $\begin{cases} x > a \\ x < b \end{cases}$ 的解集为 $\{x \mid a < x < b\}$（异向不等式组的解集为“大于小的，小于大的”）；

(4) $\begin{cases} x < a \\ x > b \end{cases}$ 的解集为空集 $\varnothing$（异向不等式组的解集“大于大的，小于小的”为空集）．

例 5　解不等式组 $\begin{cases} 3x+2 > 2x+5 \\ 4x+3 > 3x+4 \end{cases}$．

解　不等式 $3x+2 > 2x+5$ 的解为 $x > 3$，

不等式 $4x+3 > 3x+4$ 的解为 $x > 1$，

∴ 不等式组 $\begin{cases} 3x+2 > 2x+5 \\ 4x+3 > 3x+4 \end{cases}$ 的解为 $x > 3$，即 $\{x \mid x > 3\}$（“大于大的”）．

例 6　解不等式组 $\begin{cases} 3x+2 < 2x+5 \\ 4x+3 > 3x+4 \end{cases}$．

解　不等式 $3x+2 < 2x+5$ 的解为 $x < 3$，

不等式 $4x+3 > 3x+4$ 的解为 $x > 1$，

∴ 不等式组 $\begin{cases} 3x+2 < 2x+5 \\ 4x+3 > 3x+4 \end{cases}$ 的解为 $\{x \mid 1 < x < 3\}$（“大于小的，小于大的”）．

而不等式组 $\begin{cases} x < 1 \\ x > 3 \end{cases}$ 是无解的（“大于大的，小于小的”为空集）．

3. 一元二次不等式

含有一个未知数且未知数的最高次数是二次的不等式称为一元二次不等式，它的一般形式是

$$ax^2 + bx + c > 0 \text{ 或 } ax^2 + bx + c < 0, \text{其中 } a \neq 0.$$

例 7　已知函数 $y = x^2 - 3x + 2$，试求：

(1) 当 x 为何值时，$y = 0$；

(2) 当 x 为何值时，$y > 0$；

(3) 当 x 为何值时，$y < 0$．

解　作抛物线 $y = x^2 - 3x + 2$ 的图像，如图 1-19 所示，它与 x 轴有两个交点

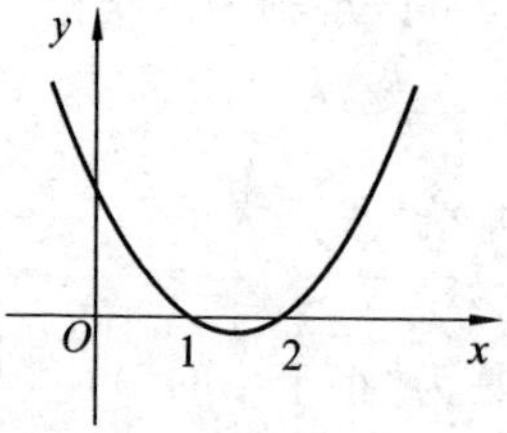

图 1-19

(1,0) 和(2,0),这两个点将 x 轴分成三段,从图 1-19 中可以看出:

(1) 当 $x=1$ 或 $x=2$ 时,$y=0$;

(2) 当 $1<x<2$,即$\{x \mid 1<x<2\}$ 时,$y<0$;

(3) 当 $x<1$ 或 $x>2$,即$\{x \mid x<1$ 或 $x>2\}$ 时,$y>0$.

一般地,与二次函数 $y=ax^2+bx+c(a>0)$ 相对应的一元二次不等式 $ax^2+bx+c>0$ 或 $ax^2+bx+c<0$ 的解的情况如表 1-1 所示.

表 1-1

	$\Delta>0$	$\Delta=0$	$\Delta<0$
二次函数 $y=ax^2+bx+c$ $(a>0)$ 的图像	$y=ax^2+bx+c$ 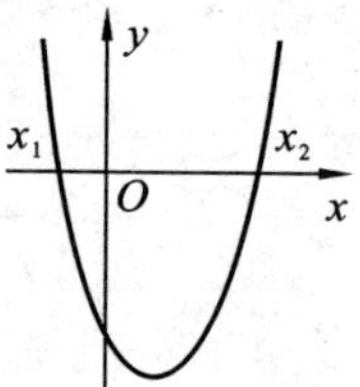	$y=ax^2+bx+c$ 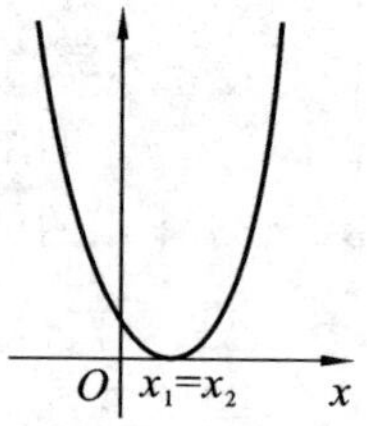	$y=ax^2+bx+c$ 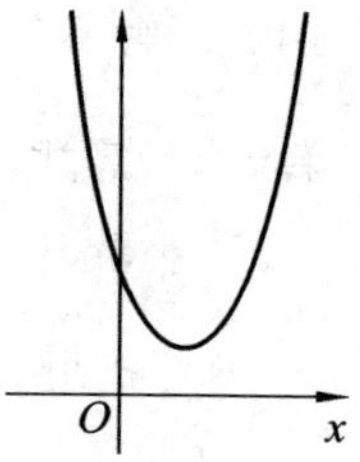
一元二次方程 $ax^2+bx+c=0$ $(a>0)$的根	有两相异实根 $x_{1,2}=\dfrac{-b\pm\sqrt{b^2-4ac}}{2a}$ $(x_1<x_2)$	有两相等实根 $x_1=x_2=-\dfrac{b}{2a}$	无实根
$ax^2+bx+c>0$ $(a>0)$ 的解集	$\{x \mid x<x_1$ 或 $x>x_2\}$	$\left\{x \mid x\neq-\dfrac{b}{2a}\right\}$	**R**
$ax^2+bx+c<0$ $(a>0)$ 的解集	$\{x \mid x_1<x<x_2\}$	$\varnothing$	$\varnothing$

例 8 解不等式 $x^2-4x+3<0$.

解 **方法 1** $\because$ 方程 $x^2-4x+3=0$ 的解是 $x_1=1, x_2=3$

$\therefore$ 不等式 $x^2-4x+3<0$ 的解集是$\{x \mid 1<x<3\}$

方法 2 由因式分解可得,$x^2-4x+3=(x-1)(x-3)$

$\therefore x^2-4x+3=(x-1)(x-3)<0$,

由性质 4 得,$(x-1)(x-3)<0 \Rightarrow \begin{cases}x-1>0\\x-3<0\end{cases}$ 或 $\begin{cases}x-1<0\\x-3>0\end{cases}$

由一元一次不等式组的解法可得,

不等式 $x^2 - 4x + 3 < 0$ 的解集为 $\{x \mid 1 < x < 3\}$.

例 9　解下列不等式：

(1) $x^2 - 4x + 4 > 0$；　(2) $x^2 - 4x + 4 < 0$.

分析　方程 $x^2 - 4x + 4 = 0$ 的判别式为：$\Delta = (-4)^2 - 4 \times 1 \times 4 = 0$，即方程 $x^2 - 4x + 4 = 0$ 有两个相等的实根 $x_1 = x_2 = 2$. 用配方法，(1) 和(2) 中的不等式可分别转化为

$$(x-2)^2 > 0 \text{ 和} (x-2)^2 < 0.$$

解　(1) 因为任何一个实数的平方大于等于 0，所以当 $x \neq 2$ 时，都有

$$(x-2)^2 > 0,$$

所以原不等式的解集是 $\{x \in \mathbf{R} \mid x \neq 2\}$，即 $(-\infty, 2) \cup (2, +\infty)$；

(2) 由(1) 可知，没有一个实数 x 使得不等式

$$(x-2)^2 < 0$$

成立，所以不等式的解集是 $\varnothing$.

例 10　解不等式 $x^2 - 4x + 5 > 0$.

解　$\because \Delta = (-4)^2 - 4 \times 1 \times 5 < 0$

$\therefore$ 方程 $x^2 - 4x + 5 = 0$ 无实根

即不等式 $x^2 - 4x + 5 > 0$ 的解集为实数集 $\mathbf{R}$.

1.3.3　含有绝对值的不等式

含有绝对值符号，且绝对值符号内含有未知数的不等式，叫作**绝对值不等式**.

下面我们先求 $|ax + b| < c$，$|ax + b| > c\ (c > 0)$ 型不等式的解集.

例 11　解不等式 $|x - 5| < 6$.

解　不等式可化为，　$-6 < x - 5 < 6$，

各项加上 5，得，

$$-1 < x < 11,$$

原不等式的解集为 $\{x \mid -1 < x < 11\}$.

例 12　解不等式 $|2x + 5| \geqslant 3$.

解　不等式可化为　$2x + 5 \leqslant -3$ 或 $2x + 5 \geqslant 3$，

即，　$x \leqslant -4$ 或 $x \geqslant -1$，

原不等式的解集为

$$(-\infty, -4] \cup [-1, +\infty)$$

习　题　1.3

1. 解下列不等式：

(1) $3 - 2x > 1$；　(2) $\dfrac{3(1-2x)}{5} < 0$.

2. 解下列不等式：

(1) $(x+1)(x-2)<0$；　　(2) $x^2-2x-3>0$；

(3) $3x>5-2x^2$；　　*(4) $x^2(x^2-6x+8)<0$.

3. 解下列不等式：

(1) $|x|-3<1$；　　(2) $2|x|+1>5$.

4. 已知 $|x-a|<b$ 的解集是 $\{x\mid -3<x<9\}$，求 a,b.

阿基米德

——数学之神

图 1-20

阿基米德(Archimedes，公元前287—公元前212年，见图 1-20）生于西西里岛(Sicilia，今属意大利）的叙拉古. 阿基米德从小热爱学习，善于思考，喜欢辩论. 当他刚满十一岁时，借助与王室的关系，有机会到埃及的亚历山大求学. 他向当时著名的科学家欧几里得的学生柯农学习哲学、数学、天文学、物理学等知识，最后博古通今，掌握了丰富的希腊文化遗产. 回到叙拉古后，他坚持和亚历山大的学者们保持联系，交流科学研究成果. 他继承了欧几里得证明定理时的严谨性，他的才智和成就却远远高于欧几里得. 他把数学研究和力学、机械学紧密结合起来，用数学研究力学和其他实际问题.

阿基米德的主要成就是在纯几何方面，他善于继承和创造. 他运用穷竭法解决了几何图形的面积、体积、曲线弧长等大量计算问题，这些方法是微积分的先导，其结果也与微积分的结果相一致. 阿基米德在数学上的成就在当时达到了登峰造极的地步，对后世影响的深远程度也是其他任何一位数学家无可比拟的.

最引人入胜的，也是阿基米德最为人称道的是他从智破金冠案中发现了一个科学基本原理. 国王让金匠做一顶新的纯金王冠，金匠如期完成了任务，理应得到奖赏，但这时有人告密说金匠从王冠中偷去了一部分金子，以等重的银子掺入. 可是，做好的王冠无论从重量、外形上都看不出问题. 国王把这个难题交给了阿基米德.

阿基米德日思夜想，一天，他去澡堂洗澡，当他慢慢坐进澡盆时，水从盆边溢了出来，他望着溢出来的水，突然大叫一声："我知道了！"竟然一丝不挂地跑回家中. 阿基米德把王冠放进一个装满水的缸中，一些水溢出来了. 他取出王冠，把水装满，再将一块同王冠一样重的金子放进水里，又有一些水溢出来. 他把两次溢出的水加以比较，发现第一次溢出来的水多于第二次，于是，断定王冠中掺了银子. 经过一番试验,他算出了银子的重量.阿基米德从中发现了一个原理:即物体在液体中减轻的重量,等于它所排出的液体的重量.后人利用这个原理测定船舶的载重量.

公元前215年,罗马将领马塞拉斯率领大军,乘坐战舰来到了历史名城叙拉古城下,马塞拉斯以为小小的叙拉古城会不攻自破,听到罗马大军的显赫名声,城里的人们还不开城投降?然而,回答罗马军队的是一阵阵密集可怕的镖箭和石头.罗马人的小盾牌抵挡不住数不清的大大小小的石头,他们被打得丧魂落魄,争相逃命.突然,从城墙上伸出了无数巨大的起重机式的机械巨手,它们分别抓住罗马人的战舰,把船吊在半空中摇来晃去,最后甩在海边的岩石上,或是把船重重地摔在海里,船毁人亡.马塞拉斯侥幸没有受伤,但惊恐万分,完全失去了刚来时的骄傲和狂妄,变得不知所措.最后只好下令撤退,把船开到安全地带.罗马军队死伤无数,被叙拉古人打得晕头转向.可是,敌人在哪里呢?他们连影子也找不到.马塞拉斯最后感慨万千地对身边的士兵说:"怎么样?在这位几何学百手巨人面前,我们只得放弃作战.他拿我们的战船当玩具扔着玩.在刹那间,他向我们投射了那么多镖箭和石块,他难道不比神话里的百手巨人还厉害吗?"

传说,阿基米德还曾经利用抛物镜面的聚光作用,把集中的阳光照射到入侵叙拉古的罗马船上,让它们自己燃烧起来.罗马的许多船只都被烧毁了,但罗马人却找不到失火的原因.900多年后,有位科学家据史书介绍的阿基米德的方法制造了一面凹面镜,成功地点着了距离镜子45米远的木头,而且烧化了距离镜子42米远的铅.所以,许多科技史家通常都把阿基米德看成是人类利用太阳能的始祖.

马塞拉斯进攻叙拉古屡遭袭击,在万般无奈下,他带着舰队,远远离开了叙拉古附近的海面.他们采取了围而不攻的办法,断绝城内和外界的联系.3年后,终因粮绝和内讧,叙拉古城陷落了.马塞拉斯十分敬佩阿基米德的聪明才智,下令不许伤害他,还派一名士兵去请他.此时阿基米德不知城门已破,还在凝视着木板上的几何图形沉思呢.当士兵的利剑指向他时,他却用身子护住木板,大叫:"不要动我的图形!"他要求把原理证明完再走,但激怒了那个鲁莽无知的士兵,他竟将利剑刺入阿基米德的胸膛,就这样,一位彪炳千秋的科学巨人惨死在野蛮的罗马士兵手下.阿基米德之死标志着古希腊灿烂文化毁灭的开始.

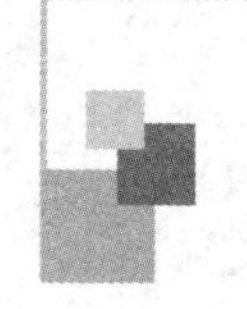

第二章　函　　数

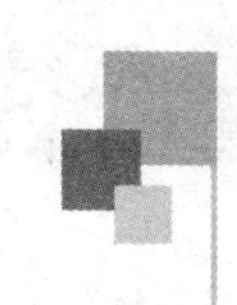

本章导读

函数是现代数学的基本概念之一，是高等数学的主要研究对象.本章旨在复习中学数学学过的基本初等函数的基础上，从结构或模式的角度来理解函数及其相关概念，以及由已知函数产生新函数的方法，同时能够用函数表示简单的数学模型，为微积分的学习打下基础.

2.1　函　　数

2.1.1　函数的概念

在研究某一问题时，往往会出现几个变量相互影响，并按照一定的规律变化.

例如，设圆的半径为 r，则它的面积 $s=\pi r^2$.其面积 s 是随着它的半径 r 的变化而变化的.

又如，物理学中，一物体从离地面 H 处自由下落，其初始速度为 v_0，则从开始下落至达到地面的过程中，该物体离开始下落点的距离 s 与时间 t 有关.即

$$s=v_0t+\frac{1}{2}gt^2$$

这种随着其他变量而变化的关系叫作函数关系.以下是它的定义：

定义1　设 x 和 y 是两个变量，数集 D 是变量 x 的变化范围.如果对于属于 D 的每一个数 x，变量 y 按照一定的法则总有确定的数值和它对应，则称 y 是 x 的**函数**，记为 $y=f(x)$. x 叫作**自变量**，y 叫作**函数**或**因变量**，数集 D 叫作这个函数的**定义域**.

当 x 取数值 $x_0\in D$ 时，与 x_0 对应的 y 的数值称为函数在点 x_0 处的函数值，记为 $y_0=f(x_0)$.当 x 遍取 D 的各个数值时，对应的函数值全体组成的数集 M 叫作函数的**值域**，即

$$M=\{y\mid y=f(x),x\in D\}.$$

例如，$y=x^2+1$ 是定义在 $[0,1]$ 上的函数，则函数 y 的值域为 $[1,2]$.

对于函数的定义，有以下几点需要注意：

(1) 函数的单值性：每一个 x，对应唯一的 y，说明函数的单值性.

（2）函数的两要素：如果两个函数的定义域及函数关系都相同，则认为两个函数是相同的. 与变量的具体意义，采用什么变量符号无关.

例如，$y=\sqrt{x^2}$ 与 $y=x$ 不同，因为它们的函数关系不同；但 $y=|x|$ 与 $s=\sqrt{t^2}$ 是相同函数关系.

（3）函数有三种表示法 —— 解析法、表格法、图形法.

解析法：用数学式子来表示两个变量之间的对应关系. **表格法（列表法）**：将自变量的一些值与相应的函数值列成表格表示变量之间的对应关系. **图形法**：用平面直角坐标系中的曲线来表示两个变量之间的对应关系.

在函数的三种表示法中，解析法是对函数的精确描述，它便于对函数进行理论分析和研究；图形法是对函数的直观描述，通过图形可以清楚地看出函数的一些性质；列表法是在实际应用问题中经常使用的描述法，因为在许多实际问题中，变量之间的对应关系常常不能由一个确定的解析式表示.

2.1.2　函数的定义域

如果没有对函数 $y=f(x)$ 的定义域加以特别说明，则该函数的定义域是使其有意义的所有 x 构成的集合.

例 1　求下列函数的定义域：

（1）$y=\dfrac{1}{4x+7}$；　（2）$y=\sqrt{1-x}+\sqrt{x+3}$.

解　（1）要使函数有意义，必须满足

$$4x+7\neq 0,\text{即 } x\neq -\frac{7}{4},$$

所以，定义域为 $D=\left(-\infty,-\dfrac{7}{4}\right)\cup\left(-\dfrac{7}{4},+\infty\right)$.

（2）要使函数有意义，必须满足

$$\begin{cases}1-x\geqslant 0\\ x+3\geqslant 0\end{cases},\text{即}\begin{cases}x\leqslant 1\\ x\geqslant -3\end{cases},$$

所以，定义域为 $D=[-3,1]$.

2.2　幂　函　数

2.2.1　幂运算性质

对于任意有理数 m,n，均有下面的运算性质：

（1）$x^m x^n=x^{m+n}$　$(m,n\in\mathbf{Q})$；

（2）$(x^m)^n=x^{mn}$　$(m,n\in\mathbf{Q})$；

(3) $(xy)^m = x^m y^m \quad (m \in \mathbf{Q})$.

例 1 计算下列各式：

(1) $(3x^3 \cdot y^2)(-4x^{\frac{1}{3}} \cdot y^{\frac{1}{2}})$； (2) $(x^{-\frac{1}{4}} \cdot y^{\frac{1}{8}})^4$.

解 (1)

$$\begin{aligned}&(3x^3 \cdot y^2)(-4x^{\frac{1}{3}} \cdot y^{\frac{1}{2}})\\=&[3 \times (-4)]x^{3+\frac{1}{3}}y^{2+\frac{1}{2}}\\=&-12x^{\frac{10}{3}}y^{\frac{5}{2}};\end{aligned}$$

(2)

$$\begin{aligned}&(x^{-\frac{1}{4}} \cdot y^{\frac{1}{8}})^4\\=&(x^{-\frac{1}{4}})^4(y^{\frac{1}{8}})^4 = x^{(-\frac{1}{4})\times 4}y^{\frac{1}{8}\times 4}\\=&x^{-1}y^{\frac{1}{2}}\end{aligned}$$

2.2.2 幂函数

一般地,形如 $y = x^\mu$(μ 为任意给定的实数)的函数叫作**幂函数**,其中 x 是自变量.以下几种是最常见的幂函数:$y = x^2, y = x^3, y = x^{-1}, y = x^{\frac{1}{2}}$.

注意,幂函数的解析式必须是 $y = x^\mu$ 的形式,前面的系数必须是 1,没有其他项.

幂函数的定义域由 μ 而定.幂函数的图形见图 2-1.

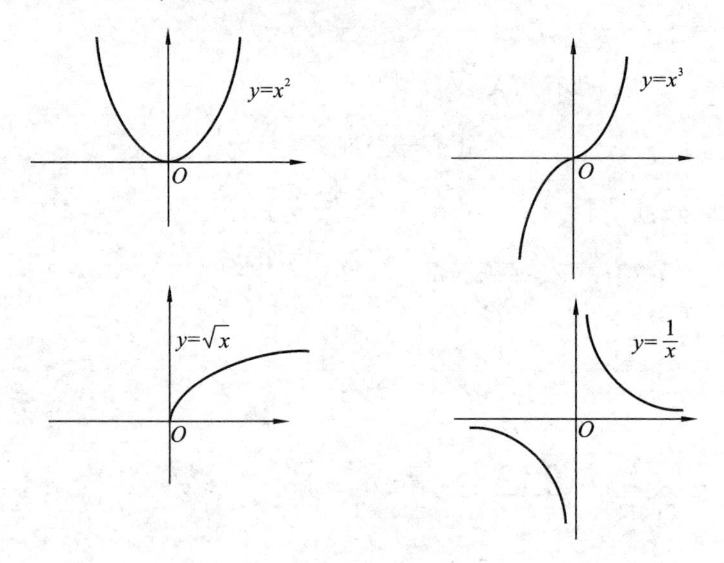

图 2-1

由幂函数的图形,可以得到以下性质:

性质 1 所有幂函数的图像都通过点(1,1).

性质 2 当 μ 为奇数时,幂函数为奇函数.

当 μ 为偶数时，幂函数为偶函数.

性质 3　当 $\mu>0$ 时，则幂函数在 $(0,+\infty)$ 上为增函数.

当 $\mu<0$ 时，则幂函数在 $(0,+\infty)$ 上为减函数.

注　(1) 在定义域内，如果 $f(-x)=-f(x)$，称 $f(x)$ 为**奇函数**，其图形关于原点对称；在定义域内，如果 $f(-x)=f(x)$，称 $f(x)$ 为**偶函数**，其图形关于 y 轴对称.

(2) 如果函数在定义域内随自变量的增加而增加，则称函数在该定义域内为**增函数**；如果函数在定义域内随自变量的增加而减少，则称函数在该定义域内为**减函数**. 函数的奇偶性和单调性将在后续章节进行介绍。

2.3　指数函数

2.3.1　指数运算性质

我们规定正数的正分数指数幂的意义是

$$a^{\frac{m}{n}}=\sqrt[n]{a^m}\quad(a>0,m,n\in\mathbf{N}^+,\text{且 }n>1).$$

正数的负分数指数幂的意义与负整数指数幂的意义相仿，我们规定

$$a^{-\frac{m}{n}}=\frac{1}{\sqrt[n]{a^m}}\quad(a>0,m,n\in\mathbf{N}^+,\text{且 }n>1).$$

0 的正分数指数幂等于 0，0 的负分数指数幂没有意义.

规定了分数指数幂的意义以后，指数的概念就从整数指数推广到有理数指数.

因此，对于任意有理数 r,s，均有下面的运算性质：

(1) $a^ra^s=a^{r+s}(a>0,r,s\in\mathbf{Q})$，

(2) $(a^r)^s=a^{rs}(a>0,r,s\in\mathbf{Q})$，

(3) $(ab)^r=a^rb^r(a>0,b>0,r\in\mathbf{Q})$.

例 1　用分数指数幂的形式表示下列各式(式中 $a>0$)：

(1) $a^2\cdot\sqrt{a}$；　(2) $a^3\cdot\sqrt[3]{a^2}$；　(3) $\sqrt{a\sqrt{a}}$.

解　(1) $a^2\cdot\sqrt{a}=a^2\cdot a^{\frac{1}{2}}=a^{2+\frac{1}{2}}=a^{\frac{3}{2}}$；

(2) $a^3\cdot\sqrt[3]{a^2}=a^3\cdot a^{\frac{2}{3}}=a^{3+\frac{2}{3}}=a^{\frac{11}{3}}$；

(3) $\sqrt{a\sqrt{a}}=(a\cdot a^{\frac{1}{2}})^{\frac{1}{2}}=(a^{\frac{3}{2}})^{\frac{1}{2}}=a^{\frac{3}{2}\times\frac{1}{2}}=a^{\frac{3}{4}}$.

例 2　计算下列各式(式中 $a>0,b>0$)：

(1) $(2a^{\frac{2}{3}}\cdot b^{\frac{1}{3}})(-6a^{\frac{1}{2}}\cdot b^{\frac{1}{2}})\div(a^{\frac{1}{3}}\cdot b^{\frac{2}{3}})$；　(2) $(a^{-\frac{1}{4}}\cdot b^{\frac{1}{3}})^4$.

解　(1) $(2a^{\frac{2}{3}}\cdot b^{\frac{1}{3}})(-6a^{\frac{1}{2}}\cdot b^{\frac{1}{2}})\div(a^{\frac{1}{3}}\cdot b^{\frac{2}{3}})=[2\times(-6)]a^{\frac{2}{3}+\frac{1}{2}-\frac{1}{3}}b^{\frac{1}{3}+\frac{1}{2}-\frac{2}{3}}=$

$-12a^{\frac{5}{6}}b^{\frac{1}{6}}$；

(2) $(a^{-\frac{1}{4}} \cdot b^{\frac{1}{3}})^4 = (a^{-\frac{1}{4}})^4 \cdot (b^{\frac{1}{3}})^4 = a^{-\frac{1}{4}\times 4}b^{\frac{1}{3}\times 4} = a^{-1}b^{\frac{4}{3}}$.

2.3.2　指数函数

一般地，函数 $y = a^x (a > 0$ 且 $a \neq 1)$ 叫作**指数函数**，其中 x 是自变量. 例如：$y = 2^x, y = \left(\frac{1}{2}\right)^x, y = 3^x, y = \left(\frac{1}{3}\right)^x$.

指数函数的定义域 $D = (-\infty, +\infty)$，是整个实数集. 对于任意 x，均有 $a^x > 0$.

对任何 $a(a > 0$ 且 $a \neq 1)$，函数图形都过点(0,1).

一般地，指数函数 $y = a^x$ 在底数 $a > 1$ 及 $0 < a < 1$ 这两种情况下的图像和性质如表 2-1 所示.

表 2-1

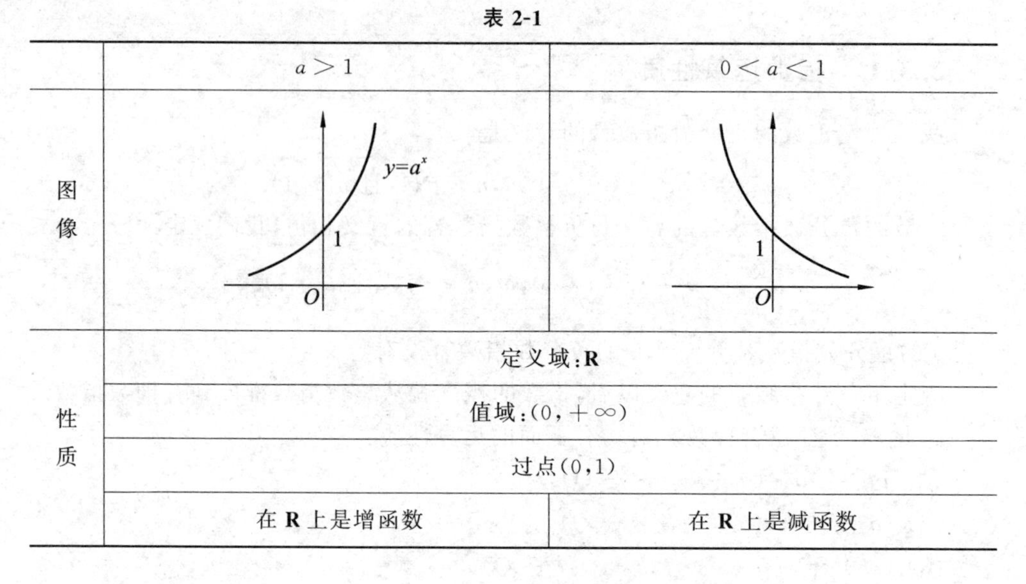

	$a > 1$	$0 < a < 1$
图像	(图)	(图)
性质	定义域：**R**	
	值域：$(0, +\infty)$	
	过点(0,1)	
	在 **R** 上是增函数	在 **R** 上是减函数

2.4　对数与对数函数

2.4.1　对数运算性质

一般地，如果 $a(a > 0$ 且 $a \neq 1)$ 的 b 次幂等于 N，就是 $a^b = N$，那么数 b 叫作以 a 为底 N 的**对数**，记作 $\log_a N = b$，其中 a 叫作对数的**底数**，N 叫作**真数**. 负数和 0 没有对数.

根据对数的定义，可以证明 $\log_a 1 = 0, \log_a a = 1$.

通常将以 10 为底的对数叫作**常用对数**，为了简便，N 的常用对数 $\log_{10} N$ 简记

作 $\lg N$，例如$\log_{10}5$ 简记作 $\lg 5$.

在科学技术中常常使用以无理数 e＝2.718 28… 为底的对数，以 e 为底的对数叫作**自然对数**，为了简便，N 的自然对数$\log_e N$ 简记作 $\ln N$，例如自然对数$\log_e 3$ 简记作 $\ln 3$.

我们知道，根据对数的定义可将对数式

$$\log_a N = b(a>0, a\neq 1, N>0)$$

写成指数式

$$a^b = N.$$

根据这个关系式，我们可以推导出对数的以下运算性质：

如果 $a>0, a\neq 1, M>0, N>0$，那么：

(1) $\log_a(MN)=\log_a M+\log_a N$；

(2) $\log_a\left(\dfrac{M}{N}\right)=\log_a M-\log_a N$；

(3) $\log_a M^n = n\log_a M(n\in \mathbf{R})$.

例 1　用$\log_a x, \log_a y, \log_a z$ 表示下列各式：

(1) $\log_a \dfrac{xy}{z}$；　(2) $\log_a \dfrac{x^2\sqrt{y}}{\sqrt[3]{z}}$.

解　(1) $\log_a \dfrac{xy}{z}=\log_a(xy)-\log_a z=\log_a x+\log_a y-\log_a z$；

(2) $\log_a \dfrac{x^2\sqrt{y}}{\sqrt[3]{z}}=\log_a x^2\sqrt{y}-\log_a\sqrt[3]{z}=\log_a x^2+\log_a\sqrt{y}-\log_a\sqrt[3]{z}$

$$=2\log_a x+\frac{1}{2}\log_a y-\frac{1}{3}\log_a z.$$

例 2　求下列各式的值：

(1) $\log_2(4^7\times 2^5)$；　(2) $\lg\sqrt[5]{100}$.

解　(1)　$\log_2(4^7\times 2^5)$

$$=\log_2 4^7+\log_2 2^5=7\log_2 4+5\log_2 2=7\times 2+5\times 1=19;$$

(2) $\lg\sqrt[5]{100}=\lg 100^{\frac{1}{5}}=\dfrac{1}{5}\lg 100=\dfrac{1}{5}\times 2=\dfrac{2}{5}$.

2.4.2　对数函数

一般地，函数 $y=\log_a x(a>0$ 且 $a\neq 1)$ 叫作**对数函数**，其中 x 是自变量.

对数函数的定义域 $D=(0,+\infty)$，值域 $M=(-\infty,+\infty)$.

对任何 $a(a>0$ 且 $a\neq 1)$，函数图形都过点(1,0)，如图 2-2 所示.

若将指数函数 $y=a^x(a>0)$ 中的 x 换成 y，y 换成 x，则得到 $x=a^y$，即 $y=\log_a x$，所以，对数函数与指数函数互为反函数，因此，它们的图像关于 $y=x$ 对称，如图 2-3 所示.

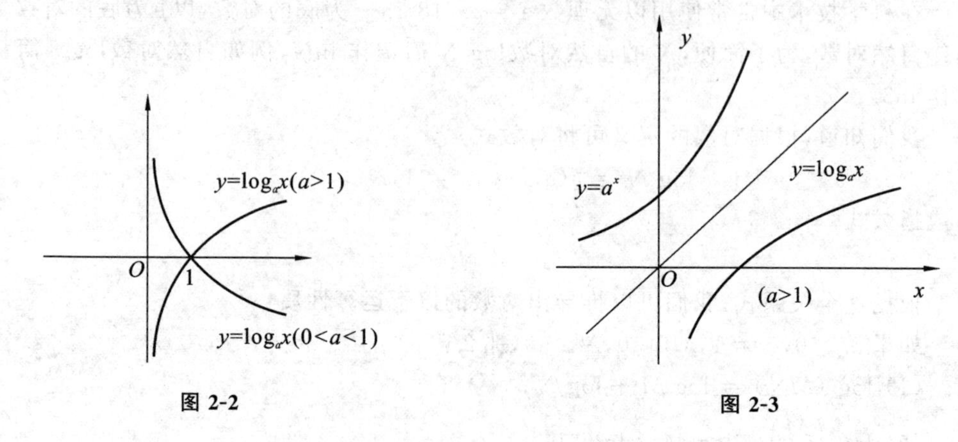

图 2-2　　　　　　　　　　图 2-3

习　题　2.1 ～ 2.4

1. 用有理指数幂表示下列各式：

(1) $\frac{1}{x^2}$；(2) $\sqrt[3]{x^2}$；(3) $\frac{1}{\sqrt[3]{x}}$；(4) $\frac{\sqrt{x}}{\sqrt[3]{x^2}}$；(5) $\sqrt[4]{(a+b)^3}$.

2. 计算下列各式：

(1) $a^{\frac{1}{4}} \cdot a^{\frac{1}{3}} \cdot a^{\frac{5}{8}}$；　(2) $a^{\frac{1}{3}} \cdot a^{\frac{5}{6}} \div a^{\frac{1}{2}}$；　(3) $(x^{\frac{1}{2}} y^{-\frac{1}{3}})^6$.

3. 把下列指数式改写成对数式：

(1) $2^3 = 8$；　(2) $3^4 = 81$；　(3) $2^{-3} = \frac{1}{8}$；

(4) $7.6^0 = 1$；　(5) $4^{\frac{1}{2}} = 2$；　(6) $27^{-\frac{1}{3}} = \frac{1}{3}$.

4. 求出下列对数式的值：

(1) $\log_6 36$；　(2) $\log_2 \frac{1}{8}$；　(3) $\log_3 \frac{1}{81}$；

(4) $\lg 100$；　(5) $\lg 0.01$；　(6) $\ln 1$.

5. 画出下列函数的图像：

(1) $y = 3^x$；(2) $y = 3^{-x}$；(3) $y = \log_3 x$；(4) $y = \log_{\frac{1}{3}} x$.

2.5　三 角 函 数

2.5.1　三角函数的概念

在中学，我们已学过锐角三角函数. 如果 α 是直角三角形的一个锐角(见图

2-4)，则

$$\sin\alpha=\frac{\alpha\text{ 的对边}}{\text{斜边}}\quad \cos\alpha=\frac{\alpha\text{ 的邻边}}{\text{斜边}}\quad \tan\alpha=\frac{\alpha\text{ 的对边}}{\alpha\text{ 的邻边}}$$

而在平面直角坐标系中任意角 α 的三角函数，如图 2-5 所示，角 α 的终边上任意一点 P（除原点外）的坐标是(x,y)，它与原点的距离是 $r(r=\sqrt{x^2+y^2})$，则

$$\sin\alpha=\frac{y}{r}\quad \cos\alpha=\frac{x}{r}\quad \tan\alpha=\frac{y}{x}$$

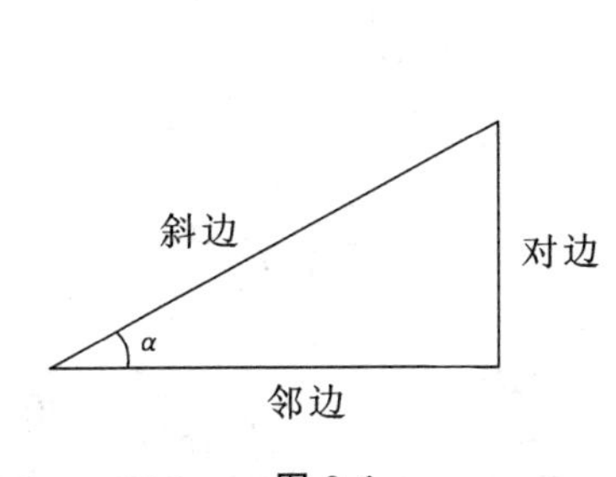

图 2-4

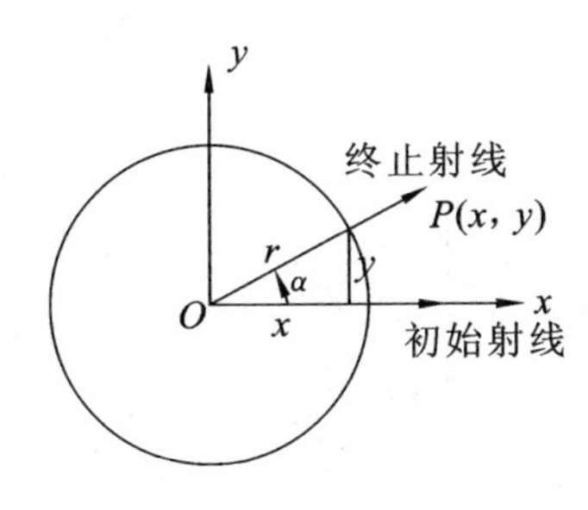

图 2-5

有时我们还会用到下面三个函数：

$$\csc\alpha=\frac{1}{\sin\alpha}\quad \sec\alpha=\frac{1}{\cos\alpha}\quad \cot\alpha=\frac{1}{\tan\alpha}$$

它们分别称为**正割函数**、**余割函数**和**余切函数**.

例 1　已知点 P 在角 α 终边上，求角 α 的六个三角函数值：

(1) $P(4,3)$；　(2) $P(\sqrt{3},-1)$.

解　(1) 已知 $P(4,3)$，则 $r=\sqrt{3^2+4^2}=5$.
由三角函数的定义，得

$$\sin\alpha=\frac{3}{5}\quad \cos\alpha=\frac{4}{5}\quad \tan\alpha=\frac{3}{4}$$

$$\csc\alpha=\frac{1}{\sin\alpha}=\frac{5}{3}\quad \sec\alpha=\frac{1}{\cos\alpha}=\frac{5}{4}\quad \cot\alpha=\frac{1}{\tan\alpha}=\frac{4}{3}.$$

(2) 已知 $P(\sqrt{3},-1)$，则 $r=\sqrt{(\sqrt{3})^2+(-1)^2}=2$.
由三角函数的定义，得

$$\sin\alpha=-\frac{1}{2}\quad \cos\alpha=\frac{\sqrt{3}}{2}\quad \tan\alpha=-\frac{1}{\sqrt{3}}=-\frac{\sqrt{3}}{3}$$

$$\csc\alpha=\frac{1}{\sin\alpha}=-2\quad \sec\alpha=\frac{1}{\cos\alpha}=\frac{2}{\sqrt{3}}\quad \cot\alpha=\frac{1}{\tan\alpha}=-\sqrt{3}.$$

由三角函数的定义，以及各象限内点的坐标的符号，我们可以得知：任意角的三角函数的值是有正有负的.

第一象限常用的角的三角函数值如表 2-2 所示.

表 2-2

角度	$0°$	$30°$	$45°$	$60°$	$90°$	$180°$
弧度	0	$\frac{\pi}{6}$	$\frac{\pi}{4}$	$\frac{\pi}{3}$	$\frac{\pi}{2}$	π
$\sin\alpha$	0	$\frac{1}{2}$	$\frac{\sqrt{2}}{2}$	$\frac{\sqrt{3}}{2}$	1	0
$\cos\alpha$	1	$\frac{\sqrt{3}}{2}$	$\frac{\sqrt{2}}{2}$	$\frac{1}{2}$	0	-1
$\tan\alpha$	0	$\frac{\sqrt{3}}{3}$	1	$\sqrt{3}$	不存在	0
$\cot\alpha$	不存在	$\sqrt{3}$	1	$\frac{\sqrt{3}}{3}$	0	不存在

通过观察常用角的三角函数的值,比如

$$\sin^2\frac{\pi}{6}+\cos^2\frac{\pi}{6}=\left(\frac{1}{2}\right)^2+\left(\frac{\sqrt{3}}{2}\right)^2=1,$$

发现同角的三角函数有如下关系:

$$\sin^2\alpha+\cos^2\alpha=1;$$

$$\tan\alpha=\frac{\sin\alpha}{\cos\alpha}.$$

2.5.2　三角函数的图像

对于确定的角 α,上面的六个三角函数的值都是确定的实数,因此,以角为自变量,以比值为函数值的函数,我们统称为**三角函数**. 当我们画三角函数图形时,一般不用 α 表示角,而用 x 表示,即 $\sin x,\cos x,\tan x,\cot x,\sec x,\csc x$.

由图 2-6 及表 2-2 不难发现四个三角函数的三个简单的诱导公式(见表 2-3).

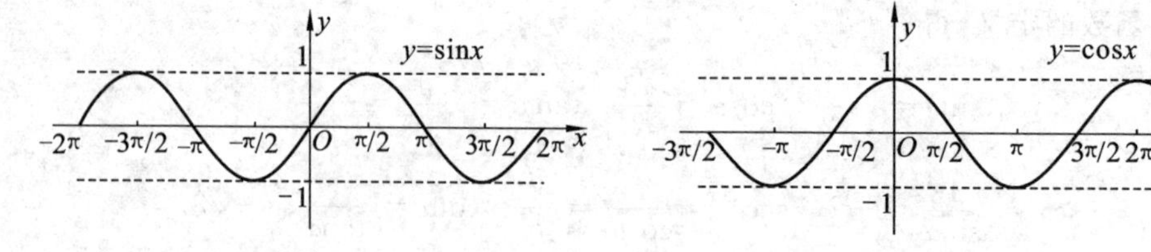

图 2-6

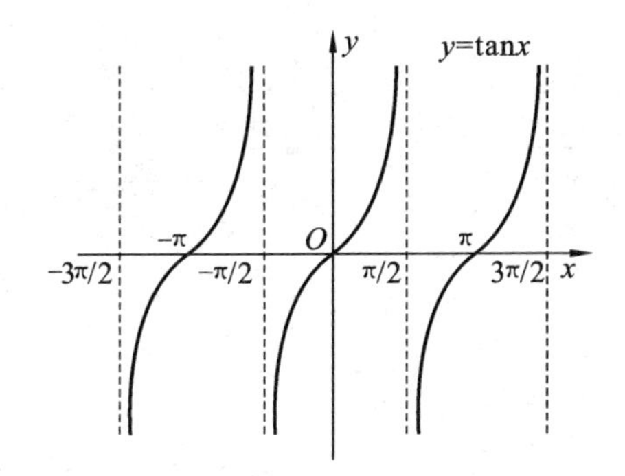

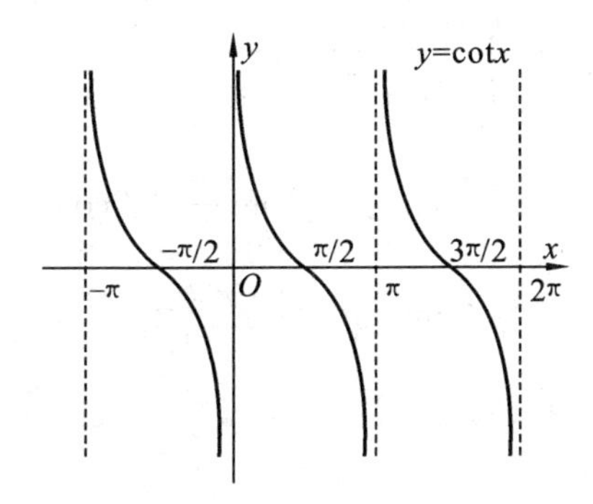

续图 2-6

表 2-3

$(2k\pi+\alpha)(k\in\mathbf{Z})$	$(-\alpha)$	$\left(\frac{\pi}{2}-\alpha\right)$
$\sin(2k\pi+\alpha)=\sin\alpha$	$\sin(-\alpha)=-\sin\alpha$	$\sin\left(\frac{\pi}{2}-\alpha\right)=\cos\alpha$
$\cos(2k\pi+\alpha)=\cos\alpha$	$\cos(-\alpha)=\cos\alpha$	$\cos\left(\frac{\pi}{2}-\alpha\right)=\sin\alpha$
$\tan(2k\pi+\alpha)=\tan\alpha$	$\tan(-\alpha)=-\tan\alpha$	$\tan\left(\frac{\pi}{2}-\alpha\right)=\cot\alpha$
$\cot(2k\pi+\alpha)=\cot\alpha$	$\cot(-\alpha)=-\cot\alpha$	$\cot\left(\frac{\pi}{2}-\alpha\right)=\tan\alpha$

更多的三角函数诱导公式可见附录 A.

习　题　2.5

1. 已知点 P 在角 α 终边上，求角 α 的六个三角函数值：

(1) $P(\sqrt{3},1)$；　(2) $P(2,2)$；　(3) $P(2,-3)$；　(4) $P(-1,1)$.

2. 填空题：

(1) 已知角 α 终边与单位圆的交点为 $P\left(\frac{\sqrt{3}}{2},\frac{1}{2}\right)$，则

$\sin x=$ ____，$\cos x=$ ____，$\tan x=$ ____；

(2) 已知角 α 终边与单位圆的交点为 $P\left(\frac{\sqrt{2}}{2},\frac{\sqrt{2}}{2}\right)$，则

$\sin x=$ ____，$\cos x=$ ____，$\tan x=$ ____.

3. 已知 $\tan\alpha=\sqrt{5}$，且 α 为第一象限角，求角 α 的其他五个三角函数值.

4. 计算：

(1) $5\sin\frac{\pi}{2}+2\cos 0-3\sin\pi+10\cos\pi$；

(2) $\sin\frac{\pi}{6}-3\tan\frac{\pi}{6}+2\cos\frac{\pi}{6}$；

(3) $\sin^2\frac{\pi}{4}+\cos^2\frac{\pi}{4}$；

(4) $2\cos\frac{\pi}{6}+\tan\frac{\pi}{3}-6\cot\frac{\pi}{3}$；

(5) $\cos\frac{\pi}{3}-\tan\frac{\pi}{4}+\frac{3}{4}\tan^2\frac{\pi}{6}-\sin\frac{\pi}{6}+\cos^2\frac{\pi}{6}+\sin\frac{\pi}{2}$.

5. 画三角函数 $y=\sin x$ 在$[-\pi,\pi]$上的函数图像.

6. 画三角函数 $y=\cos x$ 在$[-\pi,\pi]$上的函数图像.

2.6　反三角函数

2.6.1　反三角函数

已知任意一个角(角必须属于所涉及的三角函数的定义域),可以求出它的三角函数值;反过来,已知一个三角函数值,也可以求出与它对应的角.

在三角函数中,多个角对应同一个值,例如,当 $x=\frac{\pi}{6}$ 或$\frac{5\pi}{6}$时,$\sin x=\frac{1}{2}$;反过来,一个三角函数值会对应多个角,为了保证其解的唯一性,我们取其单值区间.

三角函数 $y=\sin x,x\in\left[-\frac{\pi}{2},\frac{\pi}{2}\right]$的反函数,称为**反正弦函数**,记作 $y=\arcsin x$.

三角函数 $y=\cos x,x\in[0,\pi]$的反函数,称为**反余弦函数**,记作$y=\arccos x$.

三角函数 $y=\tan x,x\in\left(-\frac{\pi}{2},\frac{\pi}{2}\right)$的反函数,称为**反正切函数**,记作 $y=\arctan x$.

三角函数 $y=\cot x,x\in(0,\pi)$的反函数,称为**反余切函数**,记作 $y=\mathrm{arccot}\,x$.

如表 2-4 所示.

例如,$\sin 45°=\frac{\sqrt{2}}{2}$,反过来,$\arcsin\frac{\sqrt{2}}{2}=45°$;

$\cos 60°=\frac{1}{2}$,反过来,$\arccos\frac{1}{2}=60°$;

$\tan 45°=1$,反过来,$\arctan 1=45°$.

例 1　求下列反三角函数的值：

(1) $\arcsin\dfrac{\sqrt{2}}{2}$；　(2) $\arccos\dfrac{\sqrt{3}}{2}$；　(3) $\arctan 1$；　(4) $\arctan(-1)$.

解　(1) 因为在$\left[-\dfrac{\pi}{2},\dfrac{\pi}{2}\right]$上 $\sin\dfrac{\pi}{4}=\dfrac{\sqrt{2}}{2}$,所以 $\arcsin\dfrac{\sqrt{2}}{2}=\dfrac{\pi}{4}$；

(2) 因为在$[0,\pi]$上 $\cos\dfrac{\pi}{6}=\dfrac{\sqrt{3}}{2}$,所以 $\arccos\dfrac{\sqrt{3}}{2}=\dfrac{\pi}{6}$；

(3) 因为在$\left(-\dfrac{\pi}{2},\dfrac{\pi}{2}\right)$上 $\tan\dfrac{\pi}{4}=1$,所以 $\arctan 1=\dfrac{\pi}{4}$；

(4) 因为在$\left(-\dfrac{\pi}{2},\dfrac{\pi}{2}\right)$上 $\tan\left(-\dfrac{\pi}{4}\right)=-1$,所以 $\arctan(-1)=-\dfrac{\pi}{4}$.

2.6.2　反三角函数的图像

反三角函数是三角函数在限定区间上的反函数,因此二者的图像关于 $y=x$ 对称,反三角函数的图像如图 2-7 所示.

表 2-4

函数	定义域	值域
$y=\arcsin x$	$x\in[-1,1]$	$y\in\left[-\dfrac{\pi}{2},\dfrac{\pi}{2}\right]$
$y=\arccos x$	$x\in[-1,1]$	$y\in[0,\pi]$
$y=\arctan x$	$x\in(-\infty,\infty)$	$y\in\left(-\dfrac{\pi}{2},\dfrac{\pi}{2}\right)$
$y=\text{arccot}\, x$	$x\in(-\infty,\infty)$	$y\in(0,\pi)$

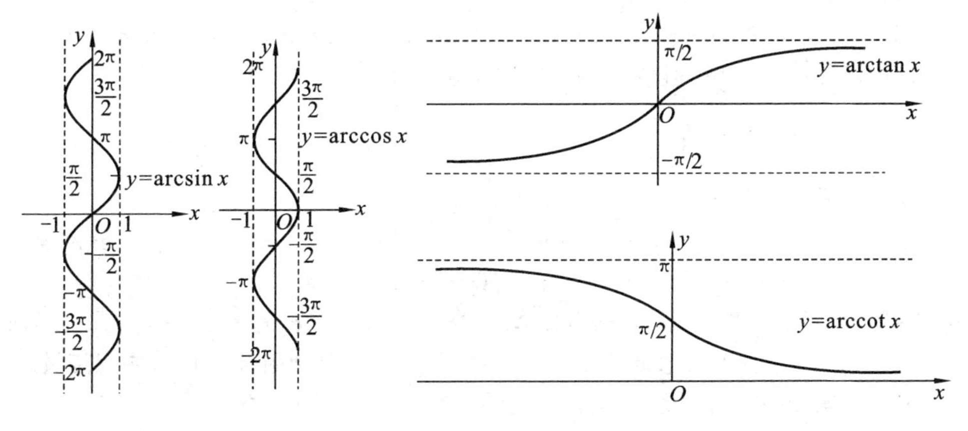

图 2-7

习　题　2.6

1. 根据下列条件,求 $\triangle ABC$ 的内角 A:

(1) $\sin A = \frac{1}{2}$;　(2) $\cos A = \frac{\sqrt{2}}{2}$;　(3) $\tan A = 1$;　(4) $\tan A = \frac{\sqrt{3}}{3}$.

2. 用反三角函数的形式在定义域内表示下列各式中的 x:

(1) $\cos x = \frac{2}{3}$;　(2) $\sin x = 0.3147$;　(3) $\tan x = \sqrt{3}$;

(4) $\cos x = a, a \in [-1,1]$;　(5) $\tan x = 2$;　(6) $\sin x = 1$;

(7) $\cos x = 0.8065$;　(8) $\tan x = 0$.

3. 求下列反三角函数的值:

(1) $\arcsin 1$;　(2) $\arccos \frac{1}{2}$;　(3) $\arccos 0$;　(4) $\arctan \frac{\sqrt{3}}{3}$;

(5) $\arccos \frac{\sqrt{2}}{2}$;　(6) $\arctan 1$;　(7) $\arcsin \frac{1}{2}$;　(8) $\arctan 0$.

2.7 初等函数

2.7.1 基本初等函数

基本初等函数是指下面的 5 种最常见的函数.

(1) 幂函数:$y = x^a$　(a 为常数).

(2) 指数函数:$y = a^x$　(a 为常数,且 $a > 0, a \neq 1$).

(3) 对数函数:$y = \log_a x$(a 为常数,且 $a > 0, a \neq 1$).

(4) 三角函数:$y = \sin x, y = \cos x, y = \tan x, y = \cot x, y = \sec x, y = \csc x$.

(5) 反三角函数:$y = \arcsin x, y = \arccos x, y = \arctan x, y = \operatorname{arccot} x$.

这些函数的定义域、值域、图形、性质等在前面几节中已经介绍了.

2.7.2 复合函数

我们先看一个例子.

设 $y = \sin u$,而 $u = 2x + 1$,将 $u = 2x + 1$ 代入 $y = \sin u$,得到 $y = \sin(2x + 1)$. 这种将一个函数代入另一个函数的运算叫作复合运算.

一般地,假设有两个函数 $y = f(u), u = \varphi(x)$,将 $u = \varphi(x)$ 代入 $y = f(u)$,得到 $y = f[\varphi(x)]$,这种运算叫作**复合运算**,得到的函数叫作**复合函数**,u 叫作**中间变量**.

例 1　写出下列经过复合运算得到的函数:

(1) $y = \ln u, u = 3x + 5$;　(2) $y = u^2, u = \sin x$;

(3) $y = e^u, u = x^2$;　　(4) $y = \arcsin u, u = \frac{1}{x}$.

解　(1) 把 $u = 3x + 5$ 代入 $y = \ln u$ 得, $y = \ln(3x + 5)$;

(2) 把 $u = \sin x$ 代入 $y = u^2$ 得, $y = (\sin x)^2 = \sin^2 x$;

(3) 把 $u = x^2$ 代入 $y = e^u$ 得, $y = e^{x^2}$;

(4) 把 $u = \frac{1}{x}$ 代入 $y = \arcsin u$ 得, $y = \arcsin \frac{1}{x}$.

例 2　指出下列函数的复合过程:

(1) $y = \sin(3x)$;　(2) $y = (2x + 1)^5$;

(3) $y = \sqrt{1 + x^2}$;　(4) $y = \arcsin(\ln x)$.

解　(1) $y = \sin(3x)$ 是由 $y = \sin u$ 与 $u = 3x$ 复合而成的复合函数;

(2) $y = (2x + 1)^5$ 是由 $y = u^5$ 与 $u = 2x + 1$ 复合而成的复合函数;

(3) $y = \sqrt{1 + x^2}$ 是由 $y = \sqrt{u}$ 与 $u = 1 + x^2$ 复合而成的复合函数;

(4) $y = \arcsin(\ln x)$ 是由 $y = \arcsin u, u = \ln x$ 复合而成的复合函数.

2.7.3　初等函数

由常数和基本初等函数经过有限次的四则运算和有限次的复合运算所构成的,并且可以由一个式子表示的函数,叫作**初等函数**.

例如 $y = 3x - 2, y = \sqrt{1 + x^2}, y = \arcsin(\ln x)$ 都是初等函数,高等数学中所讨论的函数大部分是初等函数.

习　题　2.7

1. 求下列各组函数构成的复合函数.

(1) $y = \ln u, u = \sqrt{x}$;　　(2) $y = z^2, z = \sin x$;

(3) $y = u^{\frac{2}{3}}, u = 1 + x$;　(4) $y = \arcsin u, u = 1 - x$.

2. 写出下列函数的复合过程.

(1) $y = \sin \frac{3x}{2}$;　(2) $y = \cos \sqrt{x}$;　(3) $y = \ln\cos x$;　(4) $y = e^{\tan x}$.

2.8　函数的性质

2.8.1　函数的有界性

设函数 $f(x)$ 在区间 I 上有定义,如果存在一个正数 M,对于 $x \in I$,其对应的函数值 $f(x)$ 都满足不等式 $|f(x)| \leqslant M$,则称函数 $f(x)$ 在 I 内**有界**. 如果这样的 M 不存在,则称函数 $f(x)$ 在 I 内**无界**.

例如,函数 $f(x) = \sin x$ 在 $(-\infty, +\infty)$ 内是有界的,因为无论 x 取何值,$|\sin x| \leqslant 1$ 都成立. 又如函数 $f(x) = \frac{1}{x}$ 在开区间 $(0,1)$ 内是无界的,但 $f(x) = \frac{1}{x}$ 在开区间 $(1,2)$ 内是有界的. 由此可见,函数的有界性必须指明所讨论的区间.

2.8.2　函数的单调性

设函数 $f(x)$ 在区间 I 上有定义,对于区间 I 内任意两点 x_1, x_2,当 $x_1 < x_2$ 时:

有 $f(x_1) < f(x_2)$,则称 $f(x)$ 在区间 I 内是**单调递增**的(见图 2-8).

有 $f(x_1) > f(x_2)$,则称 $f(x)$ 在区间 I 内是**单调递减**的(见图 2-9).

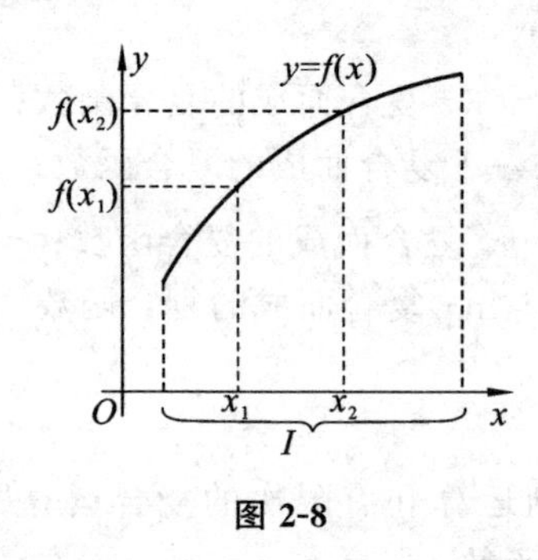

图 2-8

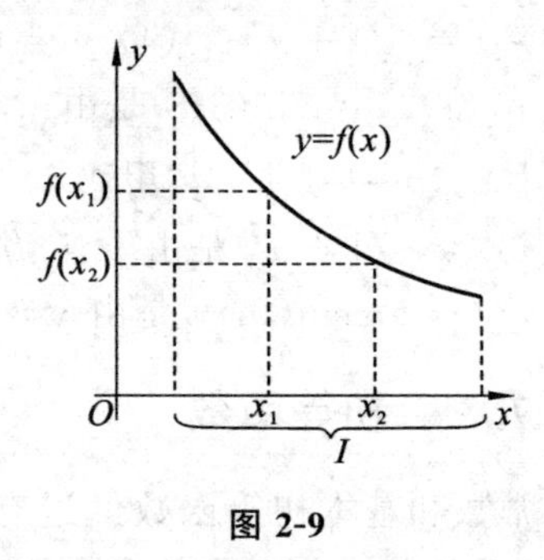

图 2-9

例如,函数 $f(x) = x^2$ 在区间 $[0, +\infty)$ 内是单调递增的,在区间 $(-\infty, 0]$ 内是单调递减的,在 $(-\infty, +\infty)$ 内不是单调的. 又如函数 $f(x) = x^3$ 在 $(-\infty, +\infty)$ 内是单调递增的.

2.8.3　函数的奇偶性

设函数 $f(x)$ 的定义域是关于原点对称的(即若 $x \in D$,则必有 $-x \in D$),

如果对 D 内的任意 x 都有 $f(-x) = f(x)$,则称 $f(x)$ 为**偶函数**.

如果对 D 内的任意 x 都有 $f(-x) = -f(x)$,则称 $f(x)$ 为**奇函数**.

偶函数图形关于 y 轴对称,如图 2-10 所示.

奇函数图形关于原点对称,如图 2-11 所示.

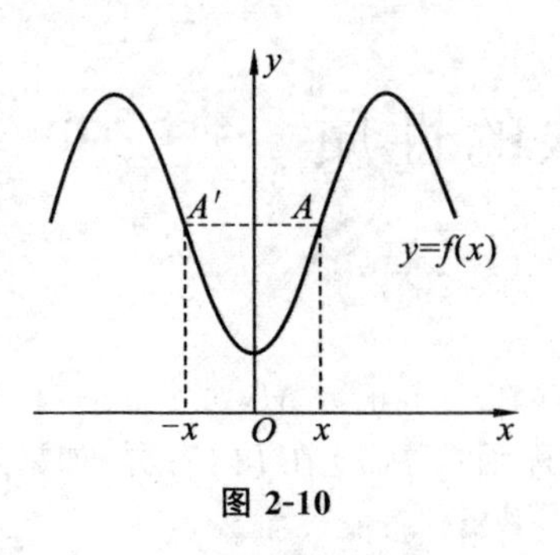

图 2-10

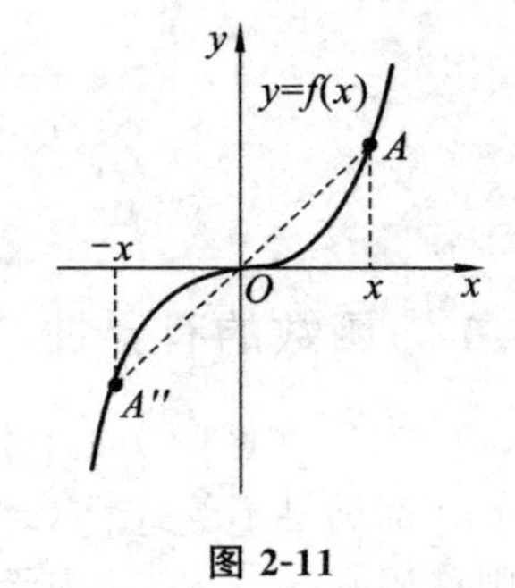

图 2-11

例 1　判断函数 $f(x)=x\sin\frac{1}{x}$ 的奇偶性.

解　因为 $f(x)$ 的定义域 $D=(-\infty,0)\cup(0,+\infty)$,它关于原点对称,又因为 $f(-x)=(-x)\sin\left(-\frac{1}{x}\right)=x\sin\frac{1}{x}=f(x)$,所以 $f(x)=x\sin\frac{1}{x}$ 是偶函数.

例 2　判断函数 $f(x)=\sin x+e^{x}-e^{-x}$ 的奇偶性.

解　因为函数的定义域 $D=(-\infty,+\infty)$,又因为

$$\begin{aligned}f(-x)&=\sin(-x)+e^{-x}-e^{-(-x)}=-\sin x+e^{-x}-e^{x}\\&=-(\sin x-e^{-x}+e^{x})=-f(x),\end{aligned}$$

所以 $f(x)=\sin x+e^{x}-e^{-x}$ 是奇函数.

2.8.4　函数的周期性

对于函数 $f(x)$,如果存在一个不为零的常数 L,使得对于定义域内的任何 x,$x\pm L$ 也在定义域内,关系式

$$f(x\pm L)=f(x)$$

恒成立,则称 $f(x)$ 为**周期函数**.常数 L 叫作 $f(x)$ 的**周期**.通常,我们所说的周期函数的周期是指**最小正周期**.

例如,由诱导公式知,$\sin(2\pi+x)=\sin x$,则三角函数 $y=\sin x$ 是以 2π 为周期的周期函数.由诱导公式及图 2-6 可以看到,三角函数 $y=\cos x$ 也是以 2π 为周期的周期函数,而三角函数 $y=\tan x$,$y=\cot x$ 则是以 π 为周期的周期函数.

周期函数是重要的,因为我们在科学研究中的许多现象的性态特征都是周期性的.脑电波和心跳及家用的电压和电流是周期性的;用以加热的微波炉中的电磁场和季节性商业销售中的现金流动是周期性的;季节和气候是周期性的;月相和行星的运动是周期性的;有强烈的证据表明冰河期是周期性的,其周期为 90 000 到 100 000 年.

为什么三角函数在研究周期性现象中如此重要呢?回答就在于一个令人惊讶且优美的微积分定理,该定理说,每个周期函数都可以表示为正弦和余弦的代数组合.一旦我们学会了正弦和余弦的微积分,我们就能对大多数周期性现象的数学表征进行建模.

$\sqrt{2}$ 是分数吗?—— 记第一次数学危机

图 2-12

今天的人们如果提出"$\sqrt{2}$是分数吗?"那将是一个非常愚蠢的问题.但回到公元前500多年前 —— 人们对数的认识还仅停留在有理数上的那个年代,回答这个问题却是非常困难的.人类对数的认识经历了一个不断深化的过程,在这一过程中对数的概念进行了多次扩充与发展.其中无理数的引入在数学上具有特别重要的意义,它在西方数学史上曾导致了一场大的风波,史称"第一次数学危机".

如果追溯这一危机的来龙去脉,那么就需要我们把目光投向公元前6世纪的古希腊.在古希腊,哲学家大都格外重视数学.在这些人当中,最推崇数学、在数学上成就最大的,当推古希腊著名的数学家和哲学家毕达哥拉斯(Pythagoras,约公元前580年 — 约公元前500年,见图2-12),毕达哥拉斯早年曾游历埃及、波斯学习几何、语言和宗教知识,回意大利后在一个名叫克罗顿的沿海城市定居.在那里,他招收了300个门徒,建立了一个带有神秘色彩的团体.这个团体被人们称为毕达哥拉斯学派.那时,在数学界占统治地位的是毕达哥拉斯学派.毕达哥拉斯被他的门徒奉为圣贤.凡是该学派的发明、创见,一律归功于毕达哥拉斯.这个学派传授知识、研究数学,还很重视音乐."数"与"和谐",是他们的主要哲学思想.毕达哥拉斯在哲学上提出"万物皆数"的论断,并认为宇宙的本质在于"数的和谐".他所谓"数的和谐"是指:一切事物和现象都可以归结为整数与整数的比 —— 有理数.与此相对应,在数学中他提出任意两条线段的比都可表示为整数或整数的比,用他的话说就是:任意两条线段都是可通约的.他们沉醉于数学知识带给他们的快慰,产生了一种幻觉:数是万物的本源;数产生万物,数的规律统治万物.

他在数学上最重要的功绩是提出并证明了毕达哥拉斯定理,即我们所说的勾股定理.然而深具讽刺意味的是,正是他在数学上的勾股定理这一最重要发现,把他推向了两难的尴尬境地,导致了"万物皆数"理论的破灭.毕达哥拉斯学派证明了勾股定理后,碰到一个伤脑筋的问题:如果正方形边长是1,那么它的对角线L是多长呢?由勾股定理L是整数?是分数?显然,L不是整数,因而,L是一个比1大又比2小的数.按照毕达哥拉斯的观点,L只能是一个分数,但他们费了九牛二虎之力,也没有找到这个分数.这真是一个神秘的数.

发现这个神秘数的是毕达哥拉斯的一个勤奋好学的学生 —— 希帕索斯(Hippasus),他断言,边长是1的正方形的对角线的长既不是整数,也不是分数,而是一个人们还未认识的新的数.这一发现对他来说是致命的,因为它将完全推翻他自己的数学与哲学信条.因此,毕达哥拉斯大为恐慌,立即下令封锁“发现”,并扬言,谁胆敢把这一机密泄露给局外人,就将谁处以极刑.但是,希帕索斯坚信自己的发现是正确的,于是暗地里与伙伴们研究这个问题,结果一传十、十传百.毕达哥拉斯马上下令追查泄露机密的人,追查的结果当然是希帕索斯.他让学派内的成员把希帕索斯抛入了大海.这一做法令他一生蒙羞,成为他一生中的最大污点.然而真理毕竟是扑不灭的,希帕索斯所提出的问题(史称“希帕索斯悖论”或“毕达哥拉斯悖论”)并没有随同主人一起抛入大海,而是在社会上流传开来.

毕达哥拉斯学派证明了勾股定理,结果促使希帕索斯发现了一种新的数,撼动了毕达哥拉斯学派的数学基石——万物皆依赖于整数.希帕索斯为了追求真理,献出了自己宝贵的生命,这就是人们所说的第一次数学危机.

希帕索斯的发现导致了第一次数学危机,然而为了解决这一危机,却又导致了古希腊古典逻辑学与公理几何学的诞生.正是这一事件给予了我们一大启示:提出似乎无法解答的问题并不可怕,相反,这种问题的提出往往会成为数学发展中的强大推动力,使数学在对问题的克服中向前大步迈进,这在数学发展史上是屡见不鲜的.

对“边长为1的正方形的对角线的长度究竟是什么”这个问题,欧洲哲学家与数学家在过去的两千多年间一直陷入迷雾中.数学家们一方面为了解题不得不用根式,另一方面又说不清带根号得不出准确值的东西是不是数.直到17世纪,还有一些数学家坚决不承认无理数是数.直到“戴德金分割”解决了这一问题,发现了无理数.

第一次数学危机表明,几何学的某些真理与算术无关,几何量不能完全由整数及其比来表示.反之,数却可以由几何量表示出来.整数的尊崇地位受到挑战,古希腊的数学观点受到极大的冲击.于是,几何学开始在希腊数学中占据特殊地位.同时也反映出,直觉和经验不一定靠得住,而推理证明才是可靠的.从此,希腊人开始从“自明的”公理出发,经过演绎推理,并由此建立几何学体系.这是数学思想上的一次革命,是第一次数学危机的自然产物.

第三章　函数的极限与连续

本章导读

我国古代的哲学家与数学家对极限思想有着重要的贡献.例如,古代哲学家庄周(公元前4世纪)在他的《庄子·天下篇》里有一段哲理名言——“一尺之棰,日取其半,万世不竭”,其意思是:一尺长的木棒,第一天截取它的$\frac{1}{2}$,第二天截取第一天余下的$\frac{1}{2}$,第三天截取第二天余下的$\frac{1}{2}$……如此天天这样截取一半,木棒永远也截取不完.如果将每天剩下的木棒长度写出来就有:

$$\frac{1}{2},\frac{1}{2^2},\frac{1}{2^3},\cdots,\frac{1}{2^n},\cdots$$

可以看出,无论n有多大,$\frac{1}{2^n}$永远不会等于0.但当n无限增大时,$\frac{1}{2^n}$无限地趋近于0.这就是数列的极限.

又如,我国古代数学家刘徽(公元3世纪)利用圆内接正多边形来推算圆的面积的方法——割圆术,就是极限思想在几何学上的应用.即

设有一圆,用a_1表示圆内接正六边形的面积,a_2表示圆内接正十二边形的面积……用a_n表示圆内接正$6\times 2^{n-1}$边形的面积($n\in\mathbf{N}^+$),于是得到一系列圆内接正多边形的面积:

$$a_1,a_2,a_3,\cdots,a_n,\cdots$$

它们构成了一个数列,当n越大,a_n越接近于圆的面积.即当n无限增大时,a_n无限趋近于一个常数值,这个常数值就是圆的面积.

极限是研究变量的变化趋势的基本工具,高等数学中的许多基本概念,例如连续、导数、定积分、无穷级数等都是建立在极限的基础上的.极限的思想方法是研究函数的一种最基本方法.本章将重点介绍函数的极限、运算及函数的连续性.

3.1　极限的概念与性质

3.1.1　数列的极限

定义1　按一定次序排列的无穷多个数

$$x_1, x_2, \cdots, x_n, \cdots$$

称为**无穷数列**，简称数列. 记为$\{x_n\}$，其中 x_n 叫$\{x_n\}$ 的**通项**.

对于数列
$$1, \frac{1}{2}, \frac{1}{3}, \frac{1}{4}, \cdots, \frac{1}{n}, \cdots$$

从图 3-1 可知：当 n 无限增大时，表示数列$\{x_n\}$ 的项的点从 $x=0$ 的右侧无限趋近点 $x=0$，即数列的通项 $x_n=\frac{1}{n}$ 无限趋近常数 0.

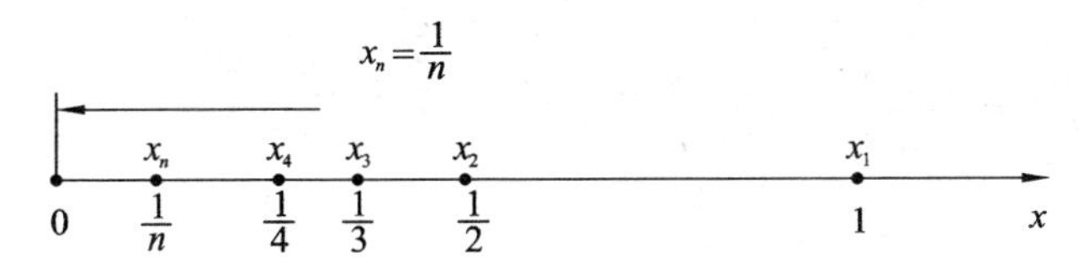

图 3-1

对于数列
$$2, \frac{1}{2}, \frac{4}{3}, \frac{3}{4}, \cdots, \frac{n+(-1)^{n-1}}{n}, \cdots$$

由图 3-2 可以看出，当项数 n 无限增大时，表示数列$\{x_n\}$ 的项的点从 $x=1$ 的两侧无限趋近点 $x=1$，即通项 $x_n=\frac{n+(-1)^{n-1}}{n}$ 无限趋近常数 1.

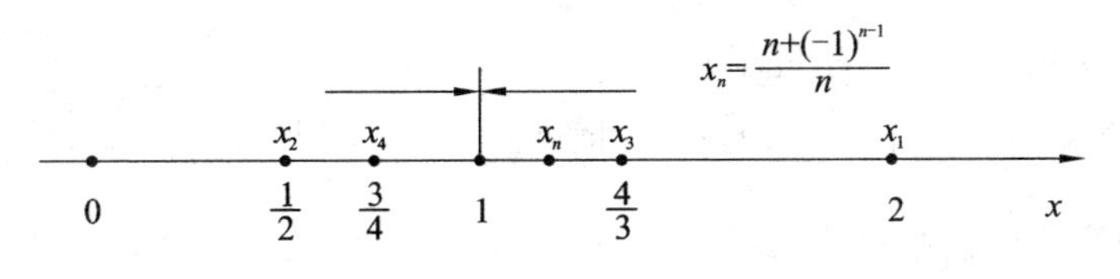

图 3-2

由上述两个数列的变化趋势知，当 n 无限增大时，x_n 都分别无限趋近于一个确定的常数. 这个常数就叫数列$\{x_n\}$ 的极限. 下面给出数列极限的定义：

定义 2　对于数列$\{x_n\}$，若当 n 无限增大时，数列的通项 x_n 无限趋近于一个确定的常数 A，则称当 $n\to\infty$ 时，A 是数列$\{x_n\}$ 的**极限**，或称数列$\{x_n\}$ **收敛于** A，记作

$$\lim_{n\to\infty} x_n = A \text{ 或 } x_n \to A(n\to\infty).$$

若数列$\{x_n\}$ 极限不存在，则称数列$\{x_n\}$ 是**发散的**.

例 1　观察下列数列的变化趋势，指出它们的极限.

(1) $1, \frac{1}{4}, \frac{1}{9}, \cdots, \frac{1}{n^2}, \cdots$.

(2) $0, \frac{1}{2}, \frac{2}{3}, \cdots, \frac{n-1}{n}, \cdots$.

(3) $-\frac{1}{5}, \frac{1}{25}, -\frac{1}{125}, \cdots, (-1)^n \frac{1}{5^n}, \cdots$.

(4) $-1,1,-1,\cdots,(-1)^n,\cdots$.

解　(1) 数列 $x_n=\frac{1}{n^2}$ 即为

$$1,\frac{1}{4},\frac{1}{9},\frac{1}{16},\cdots,\frac{1}{n^2},\cdots$$

当 n 无限增大时,x_n 无限趋近于 0. 所以

$$\lim_{n\to\infty}\frac{1}{n^2}=0,\text{即数列}\left\{\frac{1}{n^2}\right\}\text{收敛}.$$

(2) 数列 $x_n=\frac{n-1}{n}=1-\frac{1}{n}$ 即为

$$0,\frac{1}{2},\frac{2}{3},\frac{3}{4},\frac{4}{5},\cdots,1-\frac{1}{n},\cdots$$

当 n 无限增大时,x_n 无限趋近于 1. 所以

$$\lim_{n\to\infty}\frac{n-1}{n}=1,\text{即数列}\left\{\frac{n-1}{n}\right\}\text{收敛}.$$

(3) 数列 $x_n=(-1)^n\frac{1}{5^n}$ 即为

$$-\frac{1}{5},\frac{1}{25},-\frac{1}{125},\frac{1}{625},\cdots,(-1)^n\frac{1}{5^n},\cdots$$

当 n 无限增大时,x_n 无限趋近于 0. 所以

$$\lim_{n\to\infty}(-1)^n\frac{1}{5^n}=0,\text{即数列}\left\{(-1)^n\frac{1}{5^n}\right\}\text{收敛}.$$

(4) 因当 n 以偶数形式无限增大时,$x_n=(-1)^n$ 趋近于常数 1;当 n 以奇数形式无限增大时,$x_n=(-1)^n$ 趋近于常数 -1. 所以当 n 无限增大时,$x_n=(-1)^n$ 不能趋近于一个确定的常数,即 $\lim\limits_{n\to\infty}(-1)^n$ 不存在.

例 2　求常数列 $\{-5\}$ 的极限.

解　数列 $\{-5\}$ 的各项都是 -5,故

$$\lim_{n\to\infty}(-5)=-5.$$

一般地,**任何一个常数列的极限就是这个常数本身**. 即

$$\lim_{n\to\infty}C=C(C\text{ 为常数}).$$

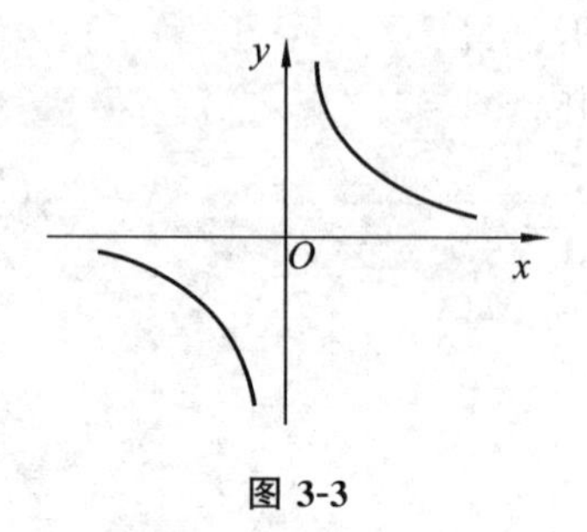

图 3-3

3.1.2　函数的极限

1. 当 $x\to\infty$ 时函数 $f(x)$ 的极限

对于函数 $f(x)=\frac{1}{x}$,从图 3-3 可知,

当 x 的绝对值无限增大时,$f(x)$ 的值无限趋近

于零.即

$$当\ x\to\infty\ 时,f(x)=\frac{1}{x}\to 0.$$

对于这种当 $x\to\infty$ 时函数 $f(x)$ 的变化趋势,给出下面的定义:

定义 3　如果当 x 的绝对值 $|x|$ 无限增大(即 $x\to\infty$)时,函数 $f(x)$ 无限趋近于一个确定的常数 A,那么 A 就叫作函数 $f(x)$ 当 $x\to\infty$ 时的**极限**,记为

$$\lim_{x\to\infty}f(x)=A,或当\ x\to\infty\ 时,f(x)\to A.$$

一般地说,如果 $\lim\limits_{x\to\infty}f(x)=C$,则称直线 $y=C$ 是函数 $y=f(x)$ 的图形的**水平渐近线**.

在定义 3 中,自变量 x 的绝对值 $|x|$ 无限增大指的是 x 既取正值又无限增大(记为 $x\to+\infty$),同时 x 也取负值,且绝对值 $-x$ 也无限增大(记为 $x\to-\infty$).但有时我们只考虑 x 上述变化趋势中的一种情形,有以下定义:

定义 4　如果当 $x\to+\infty$(或 $x\to-\infty$)时,函数 $f(x)$ 无限趋近于一个确定的常数 A,那么 A 就叫函数 $f(x)$ 当 $x\to+\infty$(或 $x\to-\infty$)时的**极限**,记为

$$\lim_{x\to+\infty}f(x)=A\quad(或\lim_{x\to-\infty}f(x)=A)$$

例如,从图 3-4 可知,

$$\lim_{x\to+\infty}\arctan x=\frac{\pi}{2};$$

$$\lim_{x\to-\infty}\arctan x=-\frac{\pi}{2}.$$

由于当 $x\to+\infty$ 和 $x\to-\infty$ 时,函数 $\arctan x$ 不能无限趋近同一个常数,所以 $\lim\limits_{x\to\infty}\arctan x$ 不存在.

又如,从图 3-5 可知,

$$\lim_{x\to-\infty}e^x=0$$

$$\lim_{x\to+\infty}e^x=+\infty$$

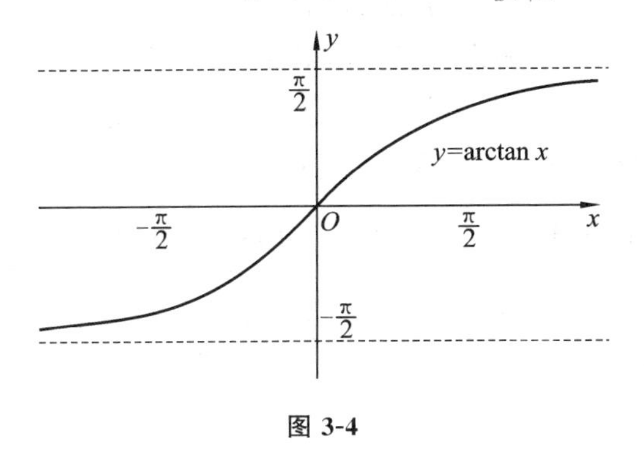

图 3-4

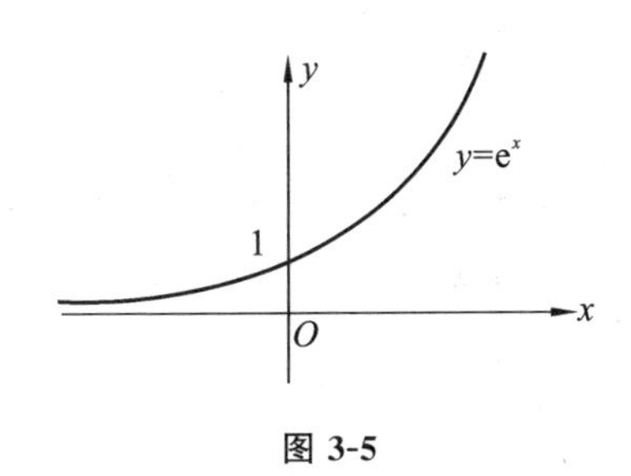

图 3-5

由于当 $x \to +\infty$ 和 $x \to -\infty$ 时,函数 e^x 不能无限趋近同一个常数,所以 $\lim\limits_{x \to \infty} e^x$ 不存在.

定理 1 $\lim\limits_{x \to \infty} f(x) = A \Leftrightarrow \lim\limits_{x \to -\infty} f(x) = \lim\limits_{x \to +\infty} f(x) = A$.

例 3 求下列极限:

(1) $\lim\limits_{x \to \infty} e^{\frac{1}{x}}$; (2) $\lim\limits_{x \to \infty} \dfrac{2x^2 + x}{x^2}$.

解 (1) $\lim\limits_{x \to \infty} e^{\frac{1}{x}} = e^0 = 1$;

(2) $\lim\limits_{x \to \infty} \dfrac{2x^2 + x}{x^2} = \lim\limits_{x \to \infty} \left(2 + \dfrac{1}{x}\right) = 2$.

2. 当 $x \to x_0$ 时,函数 $f(x)$ 的极限

对于函数 $f(x) = \dfrac{x}{3} + 1$,从图 3-6 可知:当 $x \to 3$ 时,$f(x)$ 无限趋近于 2.

而对于函数 $f(x) = \dfrac{x^2 - 1}{x - 1}$,从图 3-7 可知:当 $x \to 1$ 时,函数 $f(x)$ 无限趋近于 2.

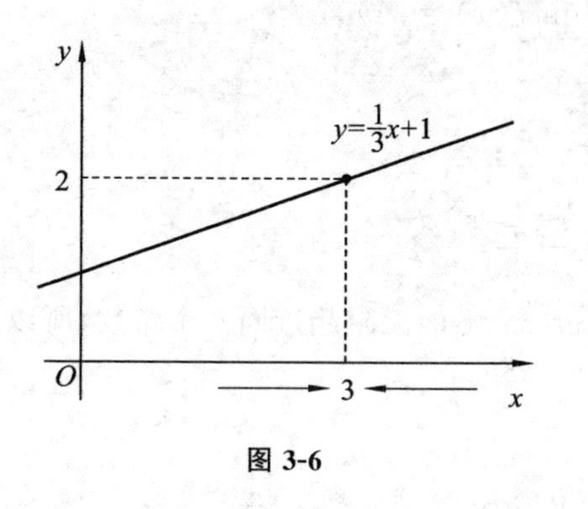

图 3-6

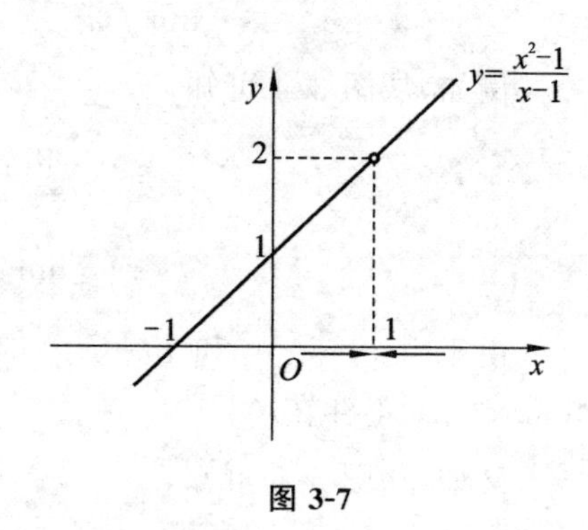

图 3-7

从上述两个例子我们给出下面的定义:

定义 5 设函数 $y = f(x)$ 在点 x_0 某一邻域内有定义,如果当 x 无限趋近于 x_0 时,函数 $f(x)$ 无限趋近于一个确定的常数 A,那么 A 就叫作函数 $f(x)$ 当 $x \to x_0$ 时的**极限**.记作

$$\lim_{x \to x_0} f(x) = A, \text{或当 } x \to x_0 \text{ 时}, f(x) \to A.$$

注 在上述定义中,$\lim\limits_{x \to x_0} f(x)$ 是否存在与 $f(x)$ 在点 x_0 处是否有定义无关.

例 4 求下列极限:

(1) $\lim\limits_{x \to x_0} C$($C$ 为常数); (2) $\lim\limits_{x \to 1}(2x + 1)$; (3) $\lim\limits_{x \to 2} \dfrac{x^2 + 3x - 10}{x - 2}$.

解 (1) $\lim\limits_{x \to x_0} f(x) = \lim\limits_{x \to x_0} C = C$;

(2) $\lim\limits_{x\to 1}(2x+1)=2\times 1+1=3$;

(3) $\lim\limits_{x\to 2}\dfrac{x^2+3x-10}{x-2}=\lim\limits_{x\to 2}\dfrac{(x+5)(x-2)}{x-2}=\lim\limits_{x\to 2}(x+5)=7$.

3. 当 $x\to x_0$ 时,$f(x)$ 的单侧极限

在前面讨论的 $x\to x_0$ 函数 $f(x)$ 极限的概念中,x 是既从 x_0 的左侧,也从 x_0 的右侧无限接近于 x_0 的,但有时只能或只需考虑 x 仅从 x_0 的左侧无限接近于 x_0(记为 $x\to x_0^-$)的情形,或 x 仅从 x_0 的右侧无限接近于 x_0(记为 $x\to x_0^+$)的情形.例如函数 $y=\sqrt{x-1}$ 只能考虑 $x\to 1^+$,而 $y=\sqrt{1-x}$ 只能考虑 $x\to 1^-$.下面给出当 $x\to x_0^+$ 或 $x\to x_0^-$ 函数极限的定义.

定义 6　如果当 $x\to x_0^-$ 时,函数 $f(x)$ 无限接近于一个确定的常数 A,那么 A 就叫作函数 $f(x)$ 当 $x\to x_0$ 时的**左极限**,记为

$$\lim_{x\to x_0^-}f(x)=A \text{ 或 } f(x_0^-)=A.$$

如果当 $x\to x_0^+$ 时,函数 $f(x)$ 无限接近于一个确定的常数 A,那么 A 就叫作函数 $f(x)$ 当 $x\to x_0$ 时的**右极限**,记为

$$\lim_{x\to x_0^+}f(x)=A \text{ 或 } f(x_0^+)=A.$$

左极限与右极限统称为**单侧极限**.

根据 $x\to x_0$ 时函数 $f(x)$ 的极限的定义,以及左极限和右极限的定义,易知:

定理 2　$\lim\limits_{x\to x_0}f(x)=A\Leftrightarrow f(x_0^-)=f(x_0^+)=A$.

例 5　讨论函数 $f(x)=\begin{cases}x-1 & x<0\\ 0 & x=0\\ x+1 & x>0\end{cases}$ 当 $x\to 0$ 时的极限是否存在.

解　作出这个分段函数的图形(见图 3-8),由图可知:

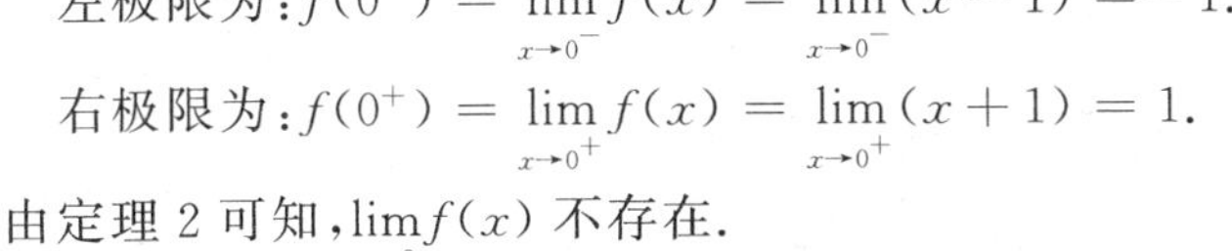

左极限为:$f(0^-)=\lim\limits_{x\to 0^-}f(x)=\lim\limits_{x\to 0^-}(x-1)=-1$.

右极限为:$f(0^+)=\lim\limits_{x\to 0^+}f(x)=\lim\limits_{x\to 0^+}(x+1)=1$.

图 3-8

由定理 2 可知,$\lim\limits_{x\to 0}f(x)$ 不存在.

3.1.3　无穷小与无穷大

1. 无穷小

定义 7　如果函数 $f(x)$ 当 $x\to x_0$(或 $x\to\infty$)时的极限为 0,那么称函数 $f(x)$ 在 $x\to x_0$(或 $x\to\infty$)时为**无穷小量**,简称**无穷小**.

例如,因为$\lim\limits_{x\to 1}\ln x = 0$,所以当$x\to 1$时,$\ln x$为无穷小.

因为$\lim\limits_{n\to\infty}\frac{1}{2^n} = 0$,所以当$n\to\infty$时,$x_n = \frac{1}{2^n}$为无穷小.

注 (1) 一个函数$f(x)$是无穷小,必须指明自变量x的变化趋势,如函数$y = \ln x$,当$x\to 1$时它是无穷小,而当x趋近于其他数值时,$y = \ln x$就不是无穷小.

(2) 不要把一个绝对值很小很小的常数说成是无穷小.

(3) 常数"0"是无穷小.但无穷小不一定是0.

2. 无穷大

定义8 如果当$x\to x_0$(或$x\to\infty$)时,函数$f(x)$的绝对值$|f(x)|$无限增大,那么称函数$f(x)$为当$x\to x_0$(或$x\to\infty$)时的**无穷大量**,简称**无穷大**.记作

$$\lim_{x\to x_0} f(x) = \infty (\text{或}\lim_{x\to\infty} f(x) = \infty).$$

例如,因$\lim\limits_{x\to 0^+}\ln x = -\infty$,所以当$x\to 0^+$时,$\ln x$为无穷大.

注 (1) 一个函数$f(x)$是无穷大,必须指明自变量x的变化趋势.如函数$y = \ln x$,当$x\to 0^+$或$x\to +\infty$时,它是无穷大;而当x趋近于其他数值时,$y = \ln x$就不是无穷大.

(2) 不要把一个绝对值很大很大的常数说成是无穷大.

定理3 在自变量的同一变化过程中,如果$f(x)$为无穷大,则$\frac{1}{f(x)}$为无穷小;反之,如果$f(x)$为无穷小,且$f(x)\neq 0$,则$\frac{1}{f(x)}$为无穷大.

利用无穷小与无穷大的关系可求一类函数的极限.

例6 求$\lim\limits_{x\to 1}\frac{1}{x^2-1}$.

解 因为$\lim\limits_{x\to 1}(x^2-1) = 0$,即当$x\to 1$时,$x^2-1$是无穷小.根据无穷小与无穷大的关系可知,它的倒数$\frac{1}{x^2-1}$是当$x\to 1$时的无穷大,即

$$\lim_{x\to 1}\frac{1}{x^2-1} = \infty.$$

习 题 3.1

1. 观察下列数列(当$n\to\infty$时)的变化趋势,写出它们的极限.

(1) $x_n = \frac{1}{3^n}$; (2) $x_n = 1 + \frac{1}{n^2}$;

(3) $y_n = \frac{n+1}{n}$; (4) $x_n = \frac{n+1}{n-1}$;

(5) $x_n = \frac{(-1)^n}{n}$; (6) $y_n = (-1)^n n$.

2. 利用函数图形,写出下列极限值.

(1) $\lim\limits_{x\to-\infty} 2^x$;　(2) $\lim\limits_{x\to+\infty} 2^{-x}$;　(3) $\lim\limits_{x\to\infty}\left(2+\dfrac{1}{x}\right)$;　(4) $\lim\limits_{x\to0}\cos x$;

(5) $\lim\limits_{x\to1}\ln x$;　(6) $\lim\limits_{x\to\infty} e^{\frac{1}{x^2}}$;　(7) $\lim\limits_{x\to\infty}\cos\dfrac{1}{x}$;　(8) $\lim\limits_{x\to+\infty}\arctan x$.

3. 计算下列极限值.

(1) $\lim\limits_{x\to2}(x^2-1)$;　(2) $\lim\limits_{x\to0}(x^3+1)$;　(3) $\lim\limits_{x\to2}(3x-5)$;

(4) $\lim\limits_{x\to2}\dfrac{x-2}{x^2-4}$;　(5) $\lim\limits_{x\to1}\dfrac{x^2-1}{x^2-3x+2}$;　(6) $\lim\limits_{x\to2}\dfrac{x^2-6x+8}{x-2}$.

4. 若 $\lim\limits_{x\to x_0^-} f(x)=1$, $\lim\limits_{x\to x_0^+} f(x)=0$,则 $\lim\limits_{x\to x_0} f(x)$ ________.

5. 设 $f(x)=\begin{cases}x & x<2\\ 2x-1 & x\geqslant2\end{cases}$,求:(1) $\lim\limits_{x\to2^-} f(x)$;(2) $\lim\limits_{x\to2^+} f(x)$;(3) $\lim\limits_{x\to2} f(x)$.

6. 求 $f(x)=\dfrac{|x|}{x}$ 当 $x\to0$ 时的左、右极限,并说明 $f(x)$ 当 $x\to0$ 时的极限是否存在.

7. 当 $x\to$ ____ 时,$y=\ln x$ 是无穷小;当 $x\to$ ____ 或____ 时,$y=\ln x$ 是无穷大.

8. 对于给定的自变量 x 的变化趋势,下列函数哪些是无穷小?哪些是无穷大?

(1) $3+\dfrac{1}{x}, x\to0$;　(2) $\dfrac{2}{x^2+2}, x\to\infty$;　(3) $3^x, x\to-\infty$;

(4) $3^x, x\to+\infty$;　(5) $e^{\frac{1}{x}}, x\to0^+$;　(6) $e^{\frac{1}{x}}, x\to0^-$.

3.2　极限的运算法则

本节讨论极限的求法,主要介绍极限的四则运算法则和两个重要极限,以及如何利用这些法则求某些函数的极限.

3.2.1　极限的四则运算法则

在下面的讨论中,记号“lim”下面没有标明自变量的变化过程的,是指对 $x\to x_0$ 和 $x\to\infty$ 以及单侧极限均成立.

定理 1　设 $\lim f(x)=A$, $\lim g(x)=B$,则:

(1) $\lim[f(x)\pm g(x)]=\lim f(x)\pm\lim g(x)=A\pm B$.

(2) $\lim[f(x)\cdot g(x)]=\lim f(x)\cdot\lim g(x)=AB$.

(3) $\lim\dfrac{f(x)}{g(x)}=\dfrac{\lim f(x)}{\lim g(x)}=\dfrac{A}{B}\quad(B\neq0)$.

上述极限运算法则表明函数的和、差、积、商(分母的极限不为 0) 的极限等于它们极限的和、差、积、商,而且法则(1)、(2) 可以推广到有限多个具有极限的函数的情形.

由法则(2) 可以得到以下结论.

推论 1　$\lim[C \cdot f(x)] = C \lim f(x) = C \cdot A$($C$ 为常数).

推论 2　$\lim[f(x)]^n = [\lim f(x)]^n = A^n$.

值得注意的是:在求极限的过程中,只有在满足法则的前提条件下,才能运用上述极限运算法则及推论.

例 1　求$\lim\limits_{x\to 4}\left(\frac{1}{4}x+2\right)$.

解　$\lim\limits_{x\to 4}\left(\frac{1}{4}x+2\right)=\lim\limits_{x\to 4}\frac{1}{4}x+\lim\limits_{x\to 4}2=\frac{1}{4}\lim\limits_{x\to 4}x+2=\frac{1}{4}\times 4+2=1+2=3.$

例 2　求$\lim\limits_{x\to 1}\frac{x^2-2x+5}{x^2+7}$.

解　当 $x\to 1$ 时,分母的极限不为 0,因此由法则(3),得

$$\lim_{x\to 1}\frac{x^2-2x+5}{x^2+7}=\frac{\lim\limits_{x\to 1}(x^2-2x+5)}{\lim\limits_{x\to 1}(x^2+7)}=\frac{\lim\limits_{x\to 1}x^2-\lim\limits_{x\to 1}2x+\lim\limits_{x\to 1}5}{\lim\limits_{x\to 1}x^2+\lim\limits_{x\to 1}7}$$

$$=\frac{(\lim\limits_{x\to 1}x)^2-2\lim\limits_{x\to 1}x+5}{(\lim\limits_{x\to 1}x)^2+7}=\frac{1-2+5}{1+7}=\frac{1}{2}.$$

例 3　求$\lim\limits_{x\to 3}\frac{x-3}{x^2-9}$.

解　当 $x\to 3$ 时,分母的极限为 0,这时不能应用法则(3). 但在 $x\to 3$ 的过程中,由于 $x\neq 3$,即 $x-3\neq 0$,而分子及分母有公因式 $x-3$,故在分式中可约去极限为零的公因式,所以

$$\lim_{x\to 3}\frac{x-3}{x^2-9}=\lim_{x\to 3}\frac{x-3}{(x+3)(x-3)}=\lim_{x\to 3}\frac{1}{x+3}=\frac{\lim\limits_{x\to 3}1}{\lim\limits_{x\to 3}x+\lim\limits_{x\to 3}3}=\frac{1}{3+3}=\frac{1}{6}.$$

例 3 是$\frac{0}{0}$ 型,其方法是:先分解约分,再用四则运算求极限.

例 4　求$\lim\limits_{x\to\infty}\frac{3x^3+2x+1}{5x^3+7x^2-3}$.

解　当 $x\to\infty$ 时,分子、分母均为 ∞,即$\frac{\infty}{\infty}$型. 我们先用 x^3 同时除分子、分母,然后取极限,得

$$\lim_{x\to\infty}\frac{3x^3+2x+1}{5x^3+7x^2-3}=\lim_{x\to\infty}\frac{3+\frac{2}{x^2}+\frac{1}{x^3}}{5+\frac{7}{x}-\frac{3}{x^3}}=\frac{\lim\limits_{x\to\infty}3+2\lim\limits_{x\to\infty}\frac{1}{x^2}+\lim\limits_{x\to\infty}\frac{1}{x^3}}{\lim\limits_{x\to\infty}5+7\lim\limits_{x\to\infty}\frac{1}{x}-3\lim\limits_{x\to\infty}\frac{1}{x^3}}$$

$$= \frac{3+2\times 0+0}{5+7\times 0-3\times 0} = \frac{3}{5}.$$

例 5　求 $\lim\limits_{x\to\infty}\dfrac{3x^2-2x+100}{2x^3+x^2-10}$.

解　先用 x^3 同时除分子与分母，然后取极限，得

$$\lim_{x\to\infty}\frac{3x^2-2x+100}{2x^3+x^2-10} = \lim_{x\to\infty}\frac{\dfrac{3}{x}-\dfrac{2}{x^2}+\dfrac{100}{x^3}}{2+\dfrac{1}{x}-\dfrac{10}{x^3}}$$

$$= \frac{3\lim\limits_{x\to\infty}\dfrac{1}{x}-2\lim\limits_{x\to\infty}\dfrac{1}{x^2}+100\lim\limits_{x\to\infty}\dfrac{1}{x^3}}{\lim\limits_{x\to\infty}2+\lim\limits_{x\to\infty}\dfrac{1}{x}-10\lim\limits_{x\to\infty}\dfrac{1}{x^3}}$$

$$= \frac{3\times 0-2\times 0+100\times 0}{2+0-10\times 0} = \frac{0}{2} = 0.$$

例 6　求 $\lim\limits_{x\to\infty}\dfrac{2x^3+x^2-10}{3x^2-2x+100}$.

解　应用例 5 的结果并根据无穷小与无穷大的关系，即得

$$\lim_{x\to\infty}\frac{2x^3+x^2-10}{3x^2-2x+100} = \infty.$$

例 4、例 5、例 6 属于$\dfrac{\infty}{\infty}$型，即当 $a_0\neq 0, b_0\neq 0, m$ 和 n 为非负整数时，有

$$\lim_{x\to\infty}\frac{a_0x^m+a_1x^{m-1}+\cdots+a_m}{b_0x^n+b_1x^{n-1}+\cdots+b_n} = \begin{cases} 0 & n>m \\ \dfrac{a_0}{b_0} & n=m. \\ \infty & n<m \end{cases}$$

例 7　求 $\lim\limits_{x\to 1}\left(\dfrac{1}{1-x}-\dfrac{3}{1-x^3}\right)$.

解　$$\lim_{x\to 1}\left(\frac{1}{1-x}-\frac{3}{1-x^3}\right) = \lim_{x\to 1}\frac{1+x+x^2-3}{1-x^3} = \lim_{x\to 1}\frac{(x-1)(x+2)}{(1-x)(1+x+x^2)}$$

$$= \lim_{x\to 1}\frac{-(x+2)}{1+x+x^2} = -1.$$

例 8　求 $\lim\limits_{x\to+\infty}(\sqrt{x+1}-\sqrt{x})$.

解　$$\lim_{x\to+\infty}(\sqrt{x+1}-\sqrt{x}) = \lim_{x\to+\infty}\frac{(\sqrt{x+1}-\sqrt{x})(\sqrt{x+1}+\sqrt{x})}{\sqrt{x+1}+\sqrt{x}}$$

$$= \lim_{x\to+\infty}\frac{(\sqrt{x+1})^2-(\sqrt{x})^2}{\sqrt{x+1}+\sqrt{x}}$$

$$= \lim_{x\to+\infty}\frac{x+1-x}{\sqrt{x+1}+\sqrt{x}} = \lim_{x\to+\infty}\frac{1}{\sqrt{x+1}+\sqrt{x}} = 0.$$

例 7、例 8 是 $\infty-\infty$ 型，其方法是：先通分或先分子分母有理化，然后约分，再求极限.

*例 9　求 $\lim\limits_{x\to+\infty}\sqrt{x}(\sqrt{x+1}-\sqrt{x})$.

解
$$\lim_{x\to+\infty}\sqrt{x}(\sqrt{x+1}-\sqrt{x})=\lim_{x\to+\infty}\frac{\sqrt{x}(\sqrt{x+1}-\sqrt{x})(\sqrt{x+1}+\sqrt{x})}{\sqrt{x+1}+\sqrt{x}}$$
$$=\lim_{x\to+\infty}\frac{\sqrt{x}[(\sqrt{x+1})^2-(\sqrt{x})^2]}{\sqrt{x+1}+\sqrt{x}}$$
$$=\lim_{x\to+\infty}\frac{\sqrt{x}[(x+1)-x]}{\sqrt{x+1}+\sqrt{x}}$$
$$=\lim_{x\to+\infty}\frac{\sqrt{x}}{\sqrt{x+1}+\sqrt{x}}=\frac{1}{2}.$$

3.2.2　两个重要的极限

1. 第一个重要的极限

$$\lim_{x\to0}\frac{\sin x}{x}=1\left(\frac{0}{0}\text{ 型,证明略}\right)$$

例 10　求 $\lim\limits_{x\to0}\frac{\sin2x}{x}$.

解　$\lim\limits_{x\to0}\frac{\sin2x}{x}=\lim\limits_{x\to0}\left(\frac{\sin2x}{2x}\cdot2\right)=2\lim\limits_{x\to0}\frac{\sin2x}{2x}$.

设 $t=2x$，则当 $x\to0$ 时，$t\to0$，所以
$$2\lim_{x\to0}\frac{\sin2x}{2x}=2\lim_{t\to0}\frac{\sin t}{t}=2\times1=2.$$

由例 10 的换元法知：

$$\text{若 } x\to x_0 \text{ 时},\varphi(x)\to0,\text{则}\lim_{x\to x_0}\frac{\sin\varphi(x)}{\varphi(x)}=1.$$

例 11　求 $\lim\limits_{x\to1}\frac{\sin(x-1)}{x^2-1}$.

解
$$\lim_{x\to1}\frac{\sin(x-1)}{x^2-1}=\lim_{x\to1}\frac{\sin(x-1)}{(x-1)(x+1)}=\lim_{x\to1}\left[\frac{\sin(x-1)}{(x-1)}\cdot\frac{1}{x+1}\right]$$
$$=1\times\frac{1}{2}=\frac{1}{2}.$$

例 12　求 $\lim\limits_{x\to0}\frac{\tan x}{x}$.

解　$\lim\limits_{x\to0}\frac{\tan x}{x}=\lim\limits_{x\to0}\left(\frac{\sin x}{x}\cdot\frac{1}{\cos x}\right)$

$$= \lim_{x \to 0} \frac{\sin x}{x} \cdot \lim_{x \to 0} \frac{1}{\cos x} = 1 \times 1 = 1.$$

例 13　求$\lim\limits_{x \to 0} \dfrac{1-\cos x}{x^2}$.

解　**方法 1**　$\lim\limits_{x \to 0} \dfrac{1-\cos x}{x^2} = \lim\limits_{x \to 0} \dfrac{2\sin^2 \frac{x}{2}}{x^2}$

$$= \frac{1}{2} \lim_{x \to 0} \frac{\sin^2 \frac{x}{2}}{\left(\frac{x}{2}\right)^2}$$

$$= \frac{1}{2} \lim_{x \to 0} \left(\frac{\sin \frac{x}{2}}{\frac{x}{2}} \right)^2 = \frac{1}{2} \times 1^2 = \frac{1}{2}.$$

方法 2　$\lim\limits_{x \to 0} \dfrac{1-\cos x}{x^2} = \lim\limits_{x \to 0} \dfrac{1-\cos^2 x}{x^2(1+\cos x)}$

$$= \lim_{x \to 0} \left(\frac{\sin^2 x}{x^2} \times \frac{1}{1+\cos x} \right)$$

$$= \lim_{x \to 0} \frac{\sin^2 x}{x^2} \times \lim_{x \to 0} \frac{1}{1+\cos x} = \frac{1}{2}.$$

2. 第二个重要的极限

$$\lim_{x \to \infty} \left(1 + \frac{1}{x}\right)^x = \mathrm{e}（1^\infty \text{ 型，证明略}）$$

对于上述公式：

(1) 令 $t = \dfrac{1}{x}$，当 $x \to \infty$ 时，$t \to 0$，于是得到 $\lim\limits_{t \to 0} (1+t)^{\frac{1}{t}} = \mathrm{e}$.

(2) 当 $x \to x_0$ 时，$\varphi(x) \to \infty$，于是得到 $\lim\limits_{x \to x_0} \left[1 + \dfrac{1}{\varphi(x)}\right]^{\varphi(x)} = \mathrm{e}$.

(3) 当 $x \to x_0$ 时，$\varphi(x) \to 0$，于是得到 $\lim\limits_{x \to x_0} [1 + \varphi(x)]^{\frac{1}{\varphi(x)}} = \mathrm{e}$.

例 14　求极限 $\lim\limits_{x \to \infty} \left(1 + \dfrac{2}{x}\right)^x$.

解　$\lim\limits_{x \to \infty} \left(1 + \dfrac{2}{x}\right)^x = \lim\limits_{x \to \infty} \left(1 + \dfrac{1}{\frac{x}{2}}\right)^{\frac{x}{2} \cdot 2} = \lim\limits_{x \to \infty} \left[\left(1 + \dfrac{1}{\frac{x}{2}}\right)^{\frac{x}{2}}\right]^2$

$$= \left[\lim_{x \to \infty} \left(1 + \frac{1}{\frac{x}{2}}\right)^{\frac{x}{2}}\right]^2 = \mathrm{e}^2.$$

例 15　求极限 $\lim\limits_{x \to 0} (1+2x)^{\frac{1}{x}}$.

解 $\lim\limits_{x\to 0}(1+2x)^{\frac{1}{x}}=\lim\limits_{x\to 0}[(1+2x)^{\frac{1}{2x}}]^2$

$$=[\lim_{x\to 0}(1+2x)^{\frac{1}{2x}}]^2=e^2.$$

习 题 3.2

1. 计算下列极限.

(1) $\lim\limits_{x\to 1}(x^2-4x+5)$;　(2) $\lim\limits_{x\to 4}\dfrac{x^2-6x+8}{x^2-5x+4}$;　(3) $\lim\limits_{x\to\infty}\dfrac{x^2-6x+8}{x^2-5x+4}$;

(4) $\lim\limits_{x\to\infty}\dfrac{x^2-1}{2x^2-x-1}$;　(5) $\lim\limits_{x\to\infty}\dfrac{3x^2-4x+8}{x^3+2x^2-1}$;　(6) $\lim\limits_{x\to\infty}\dfrac{x^3+2x^2-1}{3x^2-4x+8}$;

(7) $\lim\limits_{x\to+\infty}(\sqrt{x+1}-\sqrt{x-1})$;(8) $\lim\limits_{x\to 1}\dfrac{\sqrt{5x-4}-\sqrt{x}}{x-1}$;(9) $\lim\limits_{x\to 0}\dfrac{1-\sqrt{1+x}}{x}$.

2. 计算下列极限.

(1) $\lim\limits_{x\to 0}\dfrac{\sin 5x}{x}$;　(2) $\lim\limits_{x\to 0}\dfrac{\sin 3x}{\sin 2x}$;　(3) $\lim\limits_{x\to 0}\dfrac{\tan 3x}{x}$;

(4) $\lim\limits_{x\to 0}x\cdot\cot x$;　(5) $\lim\limits_{x\to 0}(1-x)^{\frac{1}{x}}$;　(6) $\lim\limits_{x\to\infty}\left(1+\dfrac{5}{x}\right)^x$;

(7) $\lim\limits_{x\to\infty}\left(1-\dfrac{2}{x}\right)^x$;　(8) $\lim\limits_{x\to 0}(1+2x)^{\frac{1}{x}}$.

*3. 计算下列极限.

(1) $\lim\limits_{x\to 0}\dfrac{1-\cos 2x}{x\sin x}$;　(2) $\lim\limits_{x\to a}\dfrac{\sin(x-a)}{x^2-a^2}$;　(3) $\lim\limits_{x\to 0}\sqrt[x]{1+5x}$;

(4) $\lim\limits_{x\to 0}(1+3\tan^2 x)^{\cot^2 x}$;(5) $\lim\limits_{x\to\infty}\left(\dfrac{2x+3}{2x+1}\right)^{x+1}$;(6) $\lim\limits_{x\to 0}\dfrac{1-\cos 2x}{\sqrt{1+x^2}-1}$;

(7) $\lim\limits_{x\to+\infty}[\sqrt{(x+a)(x+b)}-x]$;　(8) $\lim\limits_{h\to 0}\left[\dfrac{1}{h(x+h)}-\dfrac{1}{hx}\right]$;

(9) $\lim\limits_{x\to 2}\left(\dfrac{1}{x-2}-\dfrac{12}{x^3-8}\right)$.

3.3　函数的连续性

自然界中有许多现象,如人体身高的增长、树木的生长、气温的变化、河水的流动等,都是连续地变化着的.18世纪前,人们对函数连续性的研究仍停留在几何直观上,认为连续函数的图形能一笔画成,直到19世纪,当建立起严格的极限理论之后,才对函数的连续性概念做出了数学上的精确表达.

3.3.1　函数连续性的概念

1. 函数变量的增量

设函数 $y=f(x)$ 在点 x_0 的某个邻域内有定义,当自变量从 x_0 变到 x,相应的

函数值从 $f(x_0)$ 变到 $f(x)$，则称 $x-x_0$ 为**自变量的增量**，记作 $\Delta x = x - x_0$；称 $f(x)-f(x_0)$ 为**函数的改变量**，记作 Δy，即

$$\Delta y = f(x) - f(x_0) \text{ 或 } \Delta y = f(x_0 + \Delta x) - f(x_0).$$

在几何上，函数的改变量 Δy 表示当自变量从 x_0 变到 x 时，函数图像上相应点的纵坐标的改变量（见图 3-9）.

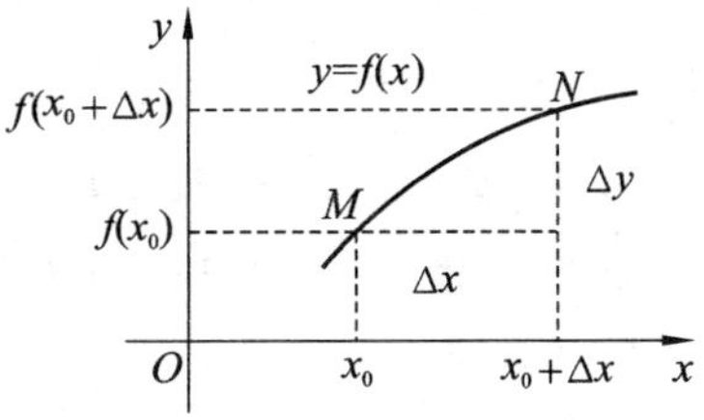

图 3-9

2. 函数 $y=f(x)$ 在点 x_0 处的连续性

定义 1　设函数 $y=f(x)$ 在点 x_0 某一邻域内有定义，若

$$\lim_{\Delta x \to 0} \Delta y = 0 \text{ 或 } \lim_{\Delta x \to 0}[f(x_0+\Delta x) - f(x_0)] = 0,$$

则称函数 $y=f(x)$ **在点 x_0 处连续**.

因 $\Delta x = x - x_0$，$\Delta y = f(x) - f(x_0)$，所以

$$\lim_{\Delta x \to 0} \Delta y = \lim_{x \to x_0}[f(x) - f(x_0)] = \lim_{x \to x_0} f(x) - f(x_0) = 0,$$

即

$$\lim_{x \to x_0} f(x) = f(x_0),$$

于是函数 $y=f(x)$ 在点 x_0 处连续的定义又可叙述如下：

定义 2　设函数 $y=f(x)$ 在点 x_0 某一邻域内有定义，若

$$\lim_{x \to x_0} f(x) = f(x_0),$$

则称函数 $y=f(x)$ **在点 x_0 处连续**.

3. 左连续与右连续

定义 3　若 $\lim\limits_{x \to x_0^-} f(x) = f(x_0)$，则称函数 $y=f(x)$ 在点 x_0 处**左连续**.

若 $\lim\limits_{x \to x_0^+} f(x) = f(x_0)$，则称函数 $y=f(x)$ 在点 x_0 处**右连续**.

函数 $y=f(x)$ 的左连续与右连续的定义一般用于讨论分段函数在分段点处的连续与闭区间两个端点的连续.

例 1　设函数 $f(x) = \begin{cases} ax + 2b & x < 1 \\ 3 & x = 1 \\ bx + 2a & x > 1 \end{cases}$ 在点 $x=1$ 处连续，求 a 与 b 的值.

解　因 $f(1^-) = \lim\limits_{x \to 1^-} f(x) = \lim\limits_{x \to 1^-}(ax+2b) = a+2b$，

$f(1^+) = \lim\limits_{x \to 1^+} f(x) = \lim\limits_{x \to 1^+}(bx+2a) = b+2a$，

$f(1) = 3$，

而函数 $y=f(x)$ 在点 $x=1$ 处连续,所以

$$f(1^-)=f(1^+)=f(1)=3,$$

即

$$\begin{cases}a+2b=3\\b+2a=3\end{cases},\text{解得 } a=b=1.$$

4. 函数 $y=f(x)$ 在区间(a,b)内的连续性

如果函数 $f(x)$ 在开区间(a,b)内每一点都连续,则称函数 $f(x)$ 在**开区间(a,b)内连续**.

如果函数 $f(x)$ 在$[a,b]$上有定义,在(a,b)内连续,且 $f(x)$ 在右端点 b 左连续,在左端点 a 右连续,即

$$\lim_{x\to b^-}f(x)=f(b)\text{ 且 }\lim_{x\to a^+}f(x)=f(a),$$

那么称函数 $f(x)$ 在**闭区间$[a,b]$上连续**.

3.3.2　初等函数的连续性

1. 基本初等函数的连续性

基本初等函数是指幂函数、指数函数、对数函数、三角函数和反三角函数. 可以证明**基本初等函数在其定义域内都是连续的**.

2. 连续函数的和、差、积、商的连续性

如果函数 $f(x)$ 和 $g(x)$ 都在点 x_0 处连续,那么它们的和、差、积、商(分母不等于零)也都在点 x_0 处连续,即

$$\lim_{x\to x_0}[f(x)\pm g(x)]=f(x_0)\pm g(x_0)$$

$$\lim_{x\to x_0}[f(x)\cdot g(x)]=f(x_0)\cdot g(x_0)$$

$$\lim_{x\to x_0}\frac{f(x)}{g(x)}=\frac{f(x_0)}{g(x_0)}\quad g(x_0)\neq 0$$

例如,函数 $y=\sin x$ 和 $y=\cos x$ 在点 $x=\frac{\pi}{4}$ 处是连续的,显然它们的和、差、积、商 $\sin x\pm\cos x,\sin x\cdot\cos x,\frac{\sin x}{\cos x}$ 在点 $x=\frac{\pi}{4}$ 处也是连续的.

3. 复合函数的连续性

如果函数 $u=\varphi(x)$ 在点 x_0 处连续,且 $\varphi(x_0)=u_0$,而函数 $y=f(u)$ 在点 u_0 处连续,那么复合函数 $y=f[\varphi(x)]$在点 x_0 处也是连续的.

例如,函数 $u=2x$ 在点 $x=\frac{\pi}{4}$ 处连续,当 $x=\frac{\pi}{4}$ 时,$u=\frac{\pi}{2}$,函数 $y=\sin u$ 在

点 $u=\frac{\pi}{2}$ 处连续. 显然,复合函数 $y=\sin 2x$ 在点 $x=\frac{\pi}{4}$ 处也是连续的.

4. 初等函数的连续性

一切初等函数在其定义区间内都是连续的. 若点 x_0 是它的定义区间内的一点,则

$$\lim_{x \to x_0} f(x)=f(x_0).$$

例 2　求 $\lim\limits_{x \to 0}\sqrt{1-x^2}$.

解　$\lim\limits_{x \to 0}\sqrt{1-x^2}=f(0)=1$.

例 3　求 $\lim\limits_{x \to \frac{\pi}{2}}[\ln(\sin x)]$.

解　$\lim\limits_{x \to \frac{\pi}{2}}[\ln(\sin x)]=f\left(\frac{\pi}{2}\right)=\ln\left(\sin\frac{\pi}{2}\right)=0$.

3.3.3　函数的间断点

由函数 $f(x)$ 在点 x_0 处连续的定义,间断点可这样定义:

定义 4　若点 x_0 满足下列三种情形之一,

(1) $f(x)$ 在点 x_0 处无定义;

(2) $\lim\limits_{x \to x_0} f(x)$ 不存在;

(3) $f(x_0)$ 及 $\lim\limits_{x \to x_0} f(x)$ 都存在,但 $\lim\limits_{x \to x_0} f(x) \neq f(x_0)$,

则称点 x_0 为函数 $y=f(x)$ 的**间断点或不连续点**.

观察下列图形:

(1) 图 3-10、图 3-11、图 3-12 与图 3-13 中,函数 $f(x)$ 在间断点 x_0 处的左右极限都存在,我们把这类间断点称为函数 $f(x)$ 的**第一类间断点**. 其中:

① 图 3-10 与图 3-11 中,函数 $f(x)$ 在间断点 x_0 处的左右极限存在,但不相等. 则称点 x_0 为函数 $f(x)$ 的第一类间断点中的**跳跃间断点**.

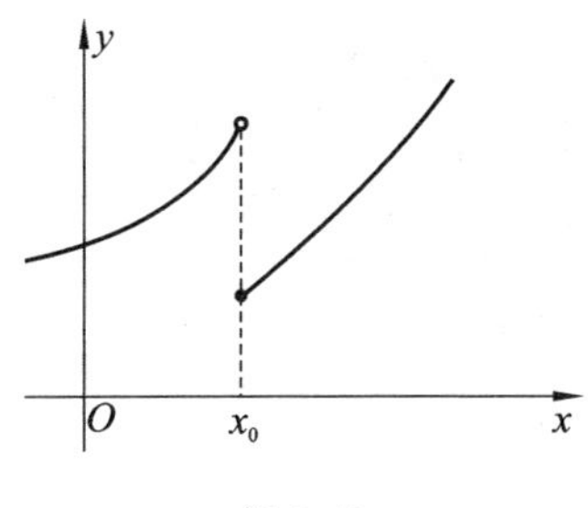

图 3-10

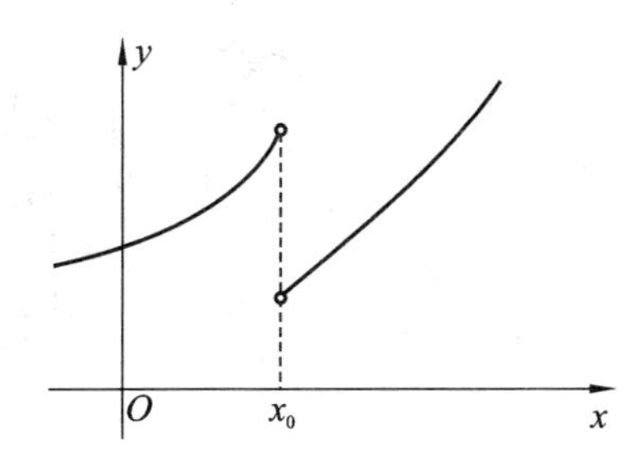

图 3-11

② 图 3-12 与图 3-13 中，函数 $f(x)$ 在间断点 x_0 处的左右极限存在且相等，即 $\lim\limits_{x \to x_0} f(x)$ 存在. 则称点 x_0 为函数 $f(x)$ 的第一类间断点中的**可去间断点**.

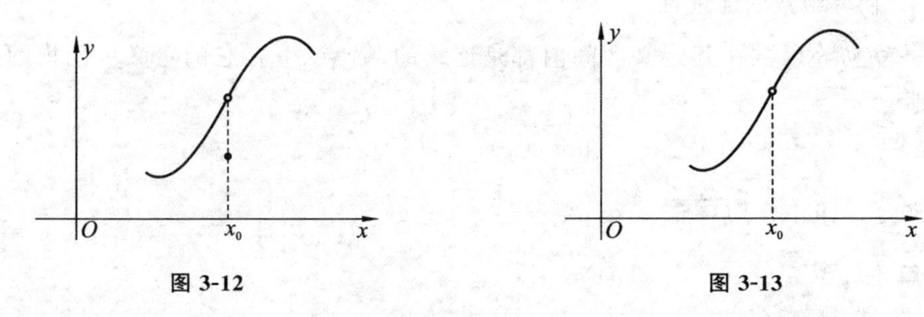

图 3-12　　　　图 3-13

(2) 图 3-14、图 3-15 与图 3-16 中，函数 $f(x)$ 在间断点 x_0 处的左右极限不存在，我们称点 x_0 为函数 $f(x)$ 的**第二类间断点**. 其中：

① 图 3-14 与图 3-15 中，$\lim\limits_{x \to x_0} f(x) = \infty$，则称点 x_0 为函数 $f(x)$ 的第二类间断点中的**无穷间断点**.

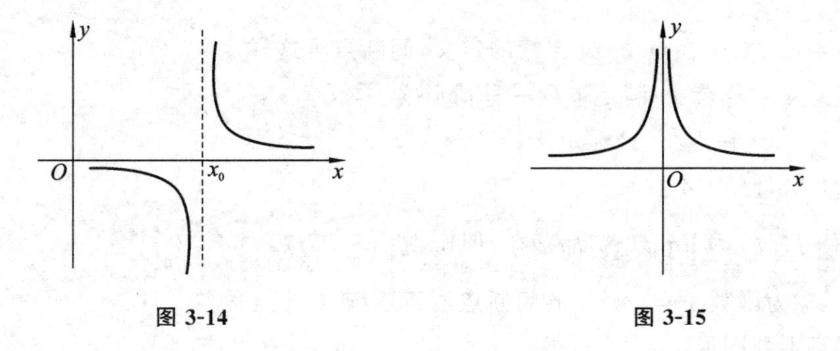

图 3-14　　　　图 3-15

② 图 3-16 中，函数 $f(x)$ 在间断点 x_0 处的左右极限不存在，但在间断点 x_0 的某一去心邻域 $\mathring{U}(x_0)$ 内有界. 则称点 x_0 为函数 $f(x)$ 的第二类间断点中的**振荡间断点**.

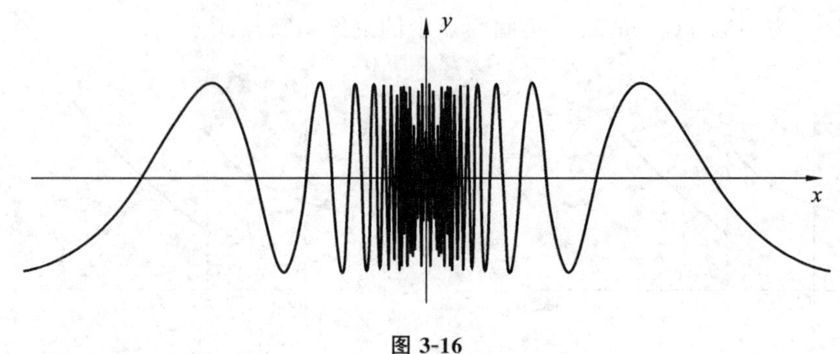

图 3-16

$$
\text{间断点}\begin{cases}\text{第一类间断点}\begin{cases}\text{可去间断点}\\\text{跳跃间断点}\end{cases}\\\text{第二类间断点}\begin{cases}\text{无穷间断点}\\\text{振荡间断点}\end{cases}\end{cases}
$$

例 4　讨论函数 $y = \dfrac{1}{x^2}$ 在 $x = 0$ 处的连续性.

解　函数 $y = \dfrac{1}{x^2}$ 在 $x = 0$ 处无定义,且

$$\lim_{x \to 0} \frac{1}{x^2} = \infty$$

因此 $x = 0$ 是函数的第二类间断点.

例 5　讨论 $f(x) = \begin{cases} x+1 & x > 1 \\ 0 & x = 1 \\ x-1 & x < 1 \end{cases}$ 在 $x = 1$ 处的连续性.

解　左极限 $\lim\limits_{x \to 1^-} f(x) = \lim\limits_{x \to 1^-}(x-1) = 0$,

右极限 $\lim\limits_{x \to 1^+} f(x) = \lim\limits_{x \to 1^+}(x+1) = 2$,

于是

$$\lim_{x \to 1^-} f(x) \neq \lim_{x \to 1^+} f(x),$$

所以 $x = 1$ 是函数 $f(x)$ 的第一类间断点中的跳跃间断点.

例 6　讨论 $f(x) = \dfrac{\sin x}{x}$ 在 $x = 0$ 处的连续性.

解　因为 $f(x) = \dfrac{\sin x}{x}$ 在 $x = 0$ 处无定义,又 $\lim\limits_{x \to 0} \dfrac{\sin x}{x} = 1$,

所以 $x = 0$ 是函数 $f(x) = \dfrac{\sin x}{x}$ 的第一类间断点中的可去间断点. 补充 $f(x)$ 在 $x = 0$ 处的定义 $f(0) = 1$,则函数 $f(x)$ 在 $x = 0$ 处连续.

习　题　3.3

1. 若函数 $f(x)$ 在 $x = a$ 处连续,则 $\lim\limits_{x \to a} f(x) =$ ________.

2. 讨论函数 $f(x) = \begin{cases} x+1 & x < 0 \\ 2-x & x \geqslant 0 \end{cases}$ 在点 $x = 0$ 处的连续性.

3. 讨论函数 $f(x) = \begin{cases} x^2-1 & x \leqslant 1 \\ x-1 & x > 1 \end{cases}$ 在点 $x = 1$ 处的连续性.

4. 判断下列函数在 $x = 3$ 处是否连续. 若不连续,请指出间断点的类型.

(1) $f(x) = \dfrac{3}{x-3}$;　　　(2) $f(x) = \dfrac{x^2-9}{x-3}$;

(3) $f(x)=\begin{cases}\dfrac{x^2-9}{x-3} & x\neq 3\\ 6 & x=3\end{cases}$;　(4) $f(x)=\begin{cases}-3x+7 & x\leqslant 3\\ -3 & x>3\end{cases}$.

5. 求下列函数的间断点,并判断其类型.

(1) $y=\dfrac{x^2-1}{x^2-3x+2}$;　(2) $y=\begin{cases}x-1 & x\leqslant 1\\ 3-x & x>1\end{cases}$;　(3) $y=\cos^2\dfrac{1}{x}$.

6. 若函数 $f(x)=\begin{cases}x+1 & x<1\\ ax+b & 1\leqslant x<2\\ 3x & x\geqslant 2\end{cases}$ 连续,求 a,b 的值.

7. 设 $f(x)=\begin{cases}\dfrac{1}{x}\sin 2x & x<0\\ a & x=0\\ x\sin\dfrac{1}{x}+b & x>0\end{cases}$,试确定常数 a,b 的值,使 $f(x)$ 在点 $x=0$ 处连续.

8. 求下列极限.

(1) $\lim\limits_{x\to 0}\sqrt{x^2-2x+5}$;　(2) $\lim\limits_{x\to 2}\dfrac{2x^2+1}{x+1}$;

(3) $\lim\limits_{t\to -2}\dfrac{e^t+1}{t}$;　(4) $\lim\limits_{x\to \frac{\pi}{4}}\dfrac{\sin 2x}{2\cos(\pi-x)}$.

祖冲之与圆周率

我国大数学家祖冲之(见图 3-17) 不但精通天文、历法,他在数学方面的贡献,特别是对圆周率研究的杰出成就,更是超越前代.

大家知道圆周率 π 是圆周与直径之比,$\pi\approx 3.141\ 59$. 古时候人们知道 π 值是"3",制木桶木盆的匠人都知道"径一周三",就是木桶的周长是直径的三倍.

当然,现代已经用计算机算出了小数点后两千多位数字的圆周率. 可那时候没有计算机,全凭手算. 在祖冲之之前,西汉末年的数学家刘歆算出圆周率是 3.1547. 东汉的科学家张衡算出圆周率约为 3.1622. 到了三国末年,数学家刘徽创造了一种"割圆术"来求圆周率,圆周率的研究才获得了重大的进展.

什么叫"割圆术"?"割"就是"分"的意思,就是将圆细分成很多等份. 画一个顶点都在圆周上的边长都相等的多边形,求出多边形的边长,再算圆周率 —— 多边形的边数越多,周长就越接近圆的周长,算出的圆周率就越精确.

一天早上,祖冲之正在家中读书,读的就是那刘徽做了注的《九章算术》,看到"割圆术"处,心想:将那正多边形的边数算到 96 个并不算多,多边形的周长与圆周长相差还甚远,为何不再多算一些,正多边形的边数愈多,多边形的周长不就更接近圆周长了吗?那算出的圆周率不就更精确了吗?想着想着,抬头一看,正见儿子在外玩耍,便叫道:“暅儿,你且去后山砍两根竹子来.”

图 3-17

祖冲之的儿子叫祖暅,聪明伶俐,受祖冲之的影响,耳濡目染,也喜欢数学,后来也成了数学家,提出了著名的“祖暅原理”.听见父亲唤自己,急忙跑了进来问道:“爹,唤儿有什么事情?”

祖冲之说道:“你去后山砍一根毛竹来.”

暅儿问道:“又要做算筹?”

祖冲之答道:“不错,你去砍了与我拿来.”

祖冲之那个时代,还没有 1,2,3,4,5 等阿拉伯数字,计算全靠一根根小棍,那个时代把这些小棍叫作算筹.

为了得到尽可能准确的数据,祖冲之用“割圆术”将圆内接正多边形的边数增多到 24 576 边.现在,圆是“割”开了,但计算过程真叫一个苦啊.祖冲之把算筹摆得到处都是:桌上摆不下,在地上摆,书房的地摆不下,就到堂屋的地上摆.

祖冲之从早算到晚,摆弄那算筹,摆了满满一地,妻子叫吃饭了,都无从下脚,只好扔给他两个窝头.暅儿踮着脚来回给他递算筹,直到掌灯时分,这祖冲之才站起来,但是腰已经直不起来了.就这样整整算了两天,才算到 192 边形,人已经是累得腰酸背痛的.

祖冲之捶捶腰说道:“暅儿,今天就到此为止,这地上的算筹不要动了,明日起早再算.”

第三天天刚蒙蒙亮,祖冲之就起床了,没有叫醒妻子和暅儿,秉烛再算,几个时辰后,天已是大亮,那祖冲之还蹲在地上只顾埋头摆弄算筹,没有注意从门外忽然走进一人来,那人也没留意地上的算筹,径直走到祖冲之面前,兴冲冲拍拍祖冲之的肩膀说道:“文远兄,我告诉你一件事 ——”话还没说完,只听那祖冲之大叫一声:“你,你 ——”把那来人吓得一跳,那人说道:“文远兄,你这 ……”

祖冲之站起来,摇摇头叹了口气,“你看看地上,这两天的功夫全白费了.”来人才看见地上满地的算筹.他进来的时候,没留意,将那摆好的算筹踢得个稀烂.那人连声说道:“抱歉,抱歉.”匆匆走了.

祖冲之此刻真是无比懊恼.

祖冲之只好叫起暅儿,从头再来.祖冲之说道:“暅儿,这次算后,你把每一次的结果记将下来,我们从头再来.从十二边形算起.”

就这样,祖冲之又蹲在地上摆起了算筹,日复一日.新做的算筹有的没有打磨光滑,一不小心,那算筹上的毛签就会扎进手指,钻心的疼痛,一天下来,那祖冲之的十个手指,早已经是血迹斑斑.

算到第七日,算出了圆内接正 24 576 边形的周长是六丈二尺八寸又三一八三二. 这时,祖冲之累得走路都直不起腰了. 歇了一日,接着算,从外切正六边形算起,一共算到外切正 24 576 边形,又花了九天的时间.

如果没有坚韧不拔的毅力,是绝对不会成功的.

祖冲之计算出了精确到小数点后七位数的圆周率值,在当时,实属极了不得的成就,在欧洲,一直到1573年,才由荷兰的一位叫奥托的数学家求出了π的值,用分数 355/113 表示,比起祖冲之晚了一千年!

在推算圆周率时,祖冲之付出了不知多少辛勤的劳动. 如果从正六边形算起,算到24 576边时,就要把同一运算程序反复进行十二次,而且每一运算程序又包括加减乘除和开方等十多个步骤. 我们现在用纸笔算盘来进行这样的计算,也是极其吃力的,何况当时祖冲之进行这样繁难的计算,只能用一根根小竹棍来逐步推演. 如果不是头脑十分冷静精细,如果没有坚韧不拔的毅力,是绝对不会成功的. 祖冲之的这种顽强刻苦的研究精神,是很值得推崇的,是值得我们学习的.

我们身边,有些人很有毅力,可以持之以恒地完成一件事. 但也有很多人不能持之以恒,这些人缺乏毅力,自我控制能力较差,在学习中遇到困难时,往往不肯动脑思考就遇难而退,或转向教师或父母寻求答案,这可不是一个好习惯. 如果一直这样很难有大的作为,因为对复杂事物的观察,特别是创造性的观察,往往需要付出艰苦的劳动,需要有顽强的毅力. 没有耐心,就不能获得可靠、准确、理想的观察结果.

所以,我们一定要树立坚定的信心,要有克服困难的毅力.

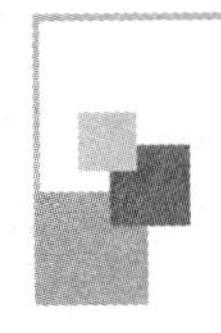

第四章　导数及其应用

本章导读

在日常生活中，我们经常会听到“速度”二字，如经济高速发展；进入21世纪，我国铁路就进入“高速列车”时代；体育竞赛中，“速度”出现的频率就更高了，如飞人的百米速度；网球直接发球得分(ace球)的看点在于发球时的瞬时速度……“速度”不一定是匀速的，它具有瞬时性. 那何为“瞬时速度”?

在中学里，我们学过圆的切线是一条与圆只有一个交点的直线. 而其他的曲线如抛物线、双曲线，推广到一般平面上的曲线在一点处的切线显然不能像圆的切线那样定义，那又如何定义呢?

本章将引入的导数与微分，是微分学的两个基本概念. 它的物理意义就是“速度”，而它的几何意义就是曲线的切线斜率. 导数又称微商，是反映函数相对于自变量的变化率. 微分反映当自变量有微小变化时函数的变化量. 本章除介绍导数与微分的基本概念外，重点介绍求函数的导数与微分的方法，即导数与微分的基本公式、基本运算及求导法则.

4.1　导数概念

4.1.1　变化率问题引例

1. 变速直线运动的速度

在学习中学物理时，我们知道物体做匀速直线运动时的速度为

$$v=\frac{s}{t}$$

其中 s 为物体经过的路程，t 为经过路程 s 所用时间.

但在实际问题中，物体的运动速度往往是变化的. 如图4-1所示，如何求在笔直公路上变速行驶的汽车在某一点 A 的瞬时速度?假设，汽车行驶到 A 点所用时间为 t_0，所走路程为 $s(t_0)$，行驶到 B 点所用时间为 $t_0+\Delta t$，路程为 $s(t_0+\Delta t)$. 因此，汽车从 A 点行驶到 B 点的平均速度为

$$\bar{v}=\frac{s(t_0+\Delta t)-s(t_0)}{\Delta t}$$

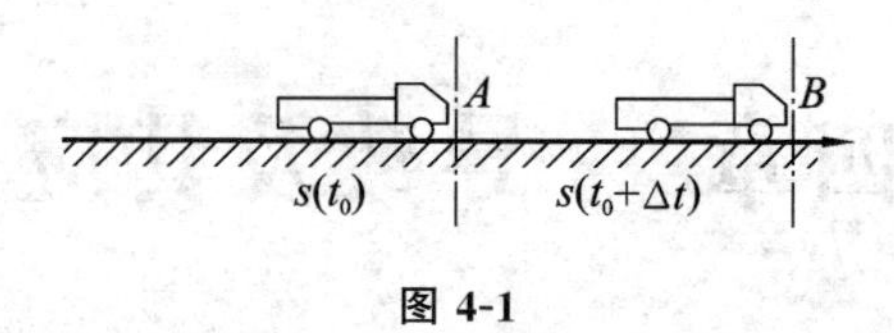

图 4-1

汽车从 A 点行驶到 B 点所用时间 Δt 越短,其平均速度 $\bar{v}$ 就越接近时刻 t_0 的速度,我们用极限的观点

$$v(t_0)=\lim_{\Delta t\to 0}\bar{v}=\lim_{\Delta t\to 0}\frac{s(t_0+\Delta t)-s(t_0)}{\Delta t},$$

它就是汽车在 A 点的瞬时速度.

2. **曲线的切线斜率**

对于曲线 $y=f(x)$(见图 4-2),该曲线上一定点 M 和动点 N 所连直线 MN 为该曲线上的一条割线,当动点 N 沿曲线无限接近 M 时,割线 MN 称为曲线 $y=f(x)$ 在 M 处的**切线**.

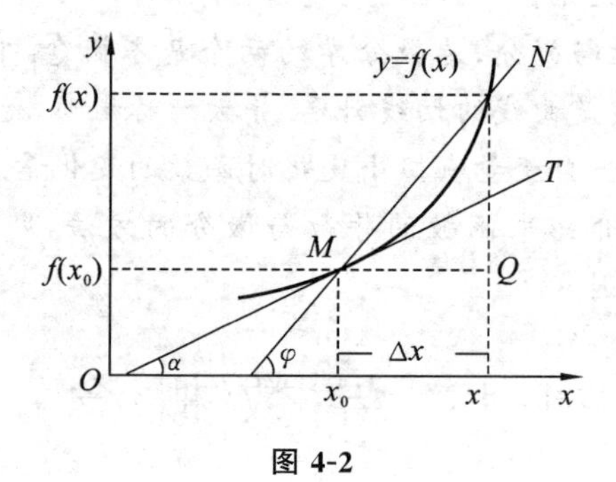

图 4-2

设定点 M 的坐标为 $M(x_0,y_0)$,另取一动点的坐标为 $N(x,y)$,则割线 MN 的斜率为

$$\tan\varphi=\frac{f(x)-f(x_0)}{x-x_0},$$

其中,φ 为割线的倾角,当动点 N 沿曲线 $y=f(x)$ 趋于定点 M 时,即当 $x\to x_0$ 时,如果 $k=\tan\varphi$ 的极限存在,即

$$k=\lim_{x\to x_0}\frac{f(x)-f(x_0)}{x-x_0},$$

k 就是曲线 $y=f(x)$ 在点 M 处的切线斜率.

如果设 $x-x_0=\Delta x$,则 $f(x)=f(x_0+\Delta x)$.则 k 也可以写成:

$$k=\lim_{x\to x_0}\frac{f(x)-f(x_0)}{x-x_0}=\lim_{\Delta x\to 0}\frac{f(x_0+\Delta x)-f(x_0)}{\Delta x}.$$

4.1.2　导数定义

上面讨论的两个问题，虽然实际意义不同，但解决问题的思路和方法是一样的，它们在数量关系上有着完全相同的数学表达形式：归结为求函数的增量与自变量增量的比（函数的平均变化率）当自变量增量趋于零时的极限，即

$$\lim_{\Delta x \to 0} \frac{f(x_0 + \Delta x) - f(x_0)}{\Delta x}.$$

这种形式的极限就是我们所要讨论的函数的导数.

定义 1　设函数 $y = f(x)$ 在点 x_0 的某一邻域内有定义，当自变量 x 在 x_0 处取得增量 Δx（点 $x_0 + \Delta x$ 仍在该邻域内），相应地函数取得增量 $\Delta y = f(x_0 + \Delta x) - f(x_0)$. 如果函数的平均变化率 $\frac{\Delta y}{\Delta x}$ 当 $\Delta x \to 0$ 时的极限存在，则称函数 $y = f(x)$ 在点 x_0 处**可导**，并称这个极限值为函数 $y = f(x)$ 在点 x_0 处的**导数**，记为 $f'(x_0)$，即

$$f'(x_0) = \lim_{\Delta x \to 0} \frac{f(x_0 + \Delta x) - f(x_0)}{\Delta x}, \tag{4-1}$$

也可记为

$$y'\Big|_{x=x_0}, \frac{\mathrm{d}y}{\mathrm{d}x}\Big|_{x=x_0}, \text{或} \frac{\mathrm{d}f(x)}{\mathrm{d}x}\Big|_{x=x_0}.$$

如果式(4-1)的极限不存在，则称函数 $y = f(x)$ 在点 x_0 处**不可导**.

如果函数 $y = f(x)$ 在开区间 (a,b) 内的每一点都可导，则称函数 $y = f(x)$ **在区间** (a,b) **内可导**. 这时，对于任意 $x \in (a,b)$，都对应着 $y = f(x)$ 的一个确定的导数值，这就构成了 $y = f(x)$ 的一个新函数，这个函数叫作函数 $y = f(x)$ 的**导函数**，记为

$$y', f'(x), \frac{\mathrm{d}y}{\mathrm{d}x} \text{或} \frac{\mathrm{d}}{\mathrm{d}x}f(x).$$

在式(4-1)中，把 x_0 换成 x，就得到 $y = f(x)$ 的导函数公式

$$y' = \lim_{\Delta x \to 0} \frac{f(x + \Delta x) - f(x)}{\Delta x}.$$

注意，上式中 x 可以取开区间 (a,b) 内的任意值，但在求极限过程中，x 是常量，Δx 是变量.

很显然，函数 $y = f(x)$ 在点 x_0 处的导数就是导函数 $f'(x)$ 在点 x_0 处的函数值，即 $f'(x_0) = f'(x)\big|_{x=x_0}$. 在不发生混淆的情况下，导函数一般简称为导数.

根据导数的定义，上面两个例子叙述为：变速直线运动的速度 $v(t)$ 是路程 s 对时间 t 的导数，即 $v(t) = s'(t)$；曲线上点 $M(x,y)$ 处的切线斜率 k 是曲线 $y = f(x)$ 在点 M 处的导数，即 $k = f'(x)$.

4.1.3 用导数的定义求函数的导数举例

根据导数的定义,求函数 $y=f(x)$ 的导数,可分为以下三个步骤:

(1) 求函数增量 $\Delta y=f(x+\Delta x)-f(x)$.

(2) 计算函数的平均变化率 $\dfrac{\Delta y}{\Delta x}=\dfrac{f(x+\Delta x)-f(x)}{\Delta x}$.

(3) 取极限 $y'=f'(x)=\lim\limits_{\Delta x\to 0}\dfrac{f(x+\Delta x)-f(x)}{\Delta x}$.

下面求一些简单函数的导数.

例 1 求常函数 $y=C$(C 为常数) 的导数.

解 (1) 求函数增量 $\Delta y=f(x+\Delta x)-f(x)=C-C=0$.

(2) 算比值 $\dfrac{\Delta y}{\Delta x}=\dfrac{0}{\Delta x}=0$.

(3) 取极限 $y'=\lim\limits_{\Delta x\to 0}\dfrac{\Delta y}{\Delta x}=0$.

得 $C'=0$. 由此得出结论:常数的导数为零,即

$$C'=0.$$

常数的导数等于零,说明 $y=C$ 的斜率始终为 0,是一条水平直线(见图 4-3).

例 2 求函数 $y=x$(见图 4-4) 的导数.

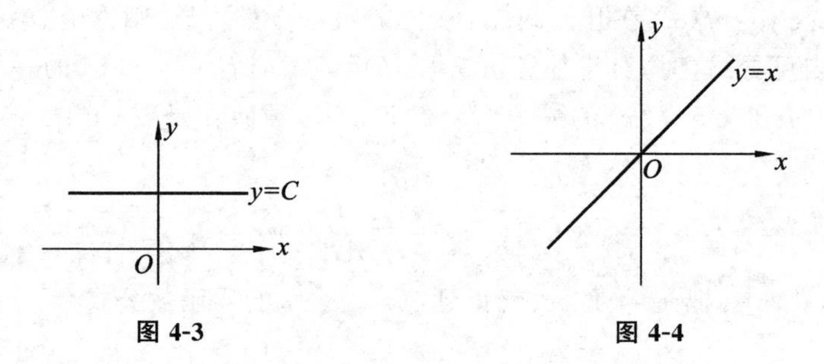

图 4-3　　图 4-4

解 (1) 求函数增量

$$\Delta y=f(x+\Delta x)-f(x)=(x+\Delta x)-x=\Delta x.$$

(2) 算比值 $\dfrac{\Delta y}{\Delta x}=\dfrac{\Delta x}{\Delta x}=1$.

(3) 取极限 $y'=\lim\limits_{\Delta x\to 0}\dfrac{\Delta y}{\Delta x}=\lim\limits_{\Delta x\to 0}1=1$.

可得

$$x'=1.$$

例 3 求幂函数 $y=x^2$ 的导数.

解 (1) 求函数增量

$$\Delta y = f(x+\Delta x) - f(x) = (x+\Delta x)^2 - x^2 = 2x\Delta x + (\Delta x)^2.$$

(2) 算比值$\dfrac{\Delta y}{\Delta x} = \dfrac{2x\Delta x + (\Delta x)^2}{\Delta x} = 2x + \Delta x.$

(3) 取极限 $y' = \lim\limits_{\Delta x \to 0} \dfrac{\Delta y}{\Delta x} = \lim\limits_{\Delta x \to 0}(2x + \Delta x) = 2x.$

可得

$$(x^2)' = 2x.$$

在对函数的三个求导步骤比较熟悉后,可以把三个步骤合起来.

例 4　求幂函数 $y = \dfrac{1}{x}$ 的导数.

解　$y' = \lim\limits_{\Delta x \to 0} \dfrac{f(x+\Delta x) - f(x)}{\Delta x}$

$$= \lim_{\Delta x \to 0} \frac{\dfrac{1}{x+\Delta x} - \dfrac{1}{x}}{\Delta x} = \lim_{\Delta x \to 0} \frac{-1}{x^2 + x\Delta x} = -\frac{1}{x^2},$$

即

$$\left(\frac{1}{x}\right)' = -\frac{1}{x^2}.$$

例 5　求幂函数 $y = \sqrt{x}$ 的导数.

解　$y' = \lim\limits_{\Delta x \to 0} \dfrac{f(x+\Delta x) - f(x)}{\Delta x} = \lim\limits_{\Delta x \to 0} \dfrac{\sqrt{x+\Delta x} - \sqrt{x}}{\Delta x}$

$$= \lim_{\Delta x \to 0} \frac{1}{\sqrt{x+\Delta x} + \sqrt{x}} = \frac{1}{2\sqrt{x}},$$

即

$$(\sqrt{x})' = \frac{1}{2\sqrt{x}}.$$

以上函数都属于幂函数,由此可归纳出幂函数的导数公式为

$$(x^{\mu})' = \mu x^{\mu-1} \quad (\mu \text{ 为实数}).$$

例 6　求下列函数的导数.

(1) $y = x^5$；　(2) $y = \dfrac{1}{x^2}$；　(3) $y = \sqrt[3]{x^2}$；　(4) $y = \dfrac{\sqrt{x}}{\sqrt[3]{x}}$.

解　(1) 由幂函数的导数公式$(x^{\mu})' = \mu x^{\mu-1}$,可得 $y' = (x^5)' = 5x^{5-1} = 5x^4$；

(2) 因为 $y = \dfrac{1}{x^2} = x^{-2}$,所以 $y' = -2x^{-2-1} = -2x^{-3} = -\dfrac{2}{x^3}$；

(3) 因为 $y = \sqrt[3]{x^2} = x^{\frac{2}{3}}$,所以 $y' = \dfrac{2}{3}x^{\frac{2}{3}-1} = \dfrac{2}{3}x^{-\frac{1}{3}}$；

(4) 因为 $y = \dfrac{\sqrt{x}}{\sqrt[3]{x}} = x^{\frac{1}{6}}$,所以 $y' = \dfrac{1}{6}x^{\frac{1}{6}-1} = \dfrac{1}{6}x^{-\frac{5}{6}} = \dfrac{1}{6\sqrt[6]{x^5}}$.

***例 7** 求正弦函数 $y=\sin x$ 的导数.

解
$$y'=\lim_{\Delta x\to 0}\frac{f(x+\Delta x)-f(x)}{\Delta x}$$
$$=\lim_{\Delta x\to 0}\frac{\sin(x+\Delta x)-\sin x}{\Delta x}$$
$$=\lim_{\Delta x\to 0}\frac{2\sin\frac{\Delta x}{2}\cdot\cos\left(x+\frac{\Delta x}{2}\right)}{\Delta x}\text{(三角函数的和差化积公式)}$$
$$=\lim_{\Delta x\to 0}\frac{\sin\frac{\Delta x}{2}}{\frac{\Delta x}{2}}\cdot\lim_{\Delta x\to 0}\cos\left(x+\frac{\Delta x}{2}\right)=\cos x,$$

即
$$(\sin x)'=\cos x.$$

用类似方法可得
$$(\cos x)'=-\sin x.$$

例 8 求对数函数 $y=\log_a x(a>0,a\neq 1)$ 的导数.

解
$$y'=\lim_{\Delta x\to 0}\frac{f(x+\Delta x)-f(x)}{\Delta x}$$
$$=\lim_{\Delta x\to 0}\frac{\log_a(x+\Delta x)-\log_a x}{\Delta x}$$
$$=\lim_{\Delta x\to 0}\frac{\log_a\frac{x+\Delta x}{x}}{\Delta x}\text{(商的对数公式)}$$
$$=\lim_{\Delta x\to 0}\left[\frac{1}{x}\cdot\frac{x}{\Delta x}\cdot\log_a\left(1+\frac{\Delta x}{x}\right)\right]$$
$$=\frac{1}{x}\lim_{\Delta x\to 0}\left[\log_a\left(1+\frac{\Delta x}{x}\right)^{\frac{x}{\Delta x}}\right]=\frac{\log_a e}{x}=\frac{1}{x\ln a},$$

即 $(\log_a x)'=\frac{1}{x\ln a}$. 特别地,当 $a=e$ 时,$(\ln x)'=\frac{1}{x}$.

上述例题,运用导数定义推导出了幂函数、正弦函数、余弦函数、对数函数的导数公式,它们都是计算函数导数的基本公式,应熟记.

由于函数在一点处的导数就是导函数在该点的函数值,所以要计算给定函数在某点的导数,一般先求该函数的导函数,然后再求导函数在该点的函数值即可.

例如,求函数 $y=x^3$ 在 $x=1$ 处的导数. 由于 $(x^3)'=3x^2$,所以
$$y'\Big|_{x=1}=3\times 1^2=3.$$

求函数 $y=\sin x$ 在 $x=\frac{\pi}{6}$ 处的导数. 由于 $(\sin x)'=\cos x$,所以
$$y'=\cos x\Big|_{x=\frac{\pi}{6}}=\cos\frac{\pi}{6}=\frac{\sqrt{3}}{2}.$$

4.1.4　导数的几何意义

由导数定义知道，函数 $y = f(x)$ 在点 $M(x,y)$ 处的导数为 $y' = \lim\limits_{\Delta x \to 0} \dfrac{\Delta y}{\Delta x}$. 如图 4-2 所示，曲线 $y = f(x)$ 的割线 MN 的斜率表达式为 $\tan\varphi = \dfrac{\Delta y}{\Delta x}$，$\varphi$ 为割线的倾斜角.

当 $\Delta x \to 0$，动点 N 无限趋近于点 M 时，割线 MN 的极限位置 MT 即为点 M 处的切线，割线倾斜角 φ 的极限就是曲线在点 M 处切线的倾斜角 α，割线斜率的极限即为切线的斜率. 所以，曲线在点 M 处的切线斜率为

$$\tan\alpha = \lim_{\Delta x \to 0} \tan\varphi = \lim_{\Delta x \to 0} \frac{\Delta y}{\Delta x}.$$

因此，函数 $y = f(x)$ 在点 x 处的导数 $f'(x)$ 的**几何意义**是：曲线 $y = f(x)$ 在点 $M(x,y)$ 处的切线斜率，即 $f'(x) = \tan\alpha$（α 是切线的倾斜角）.

如果 $y = f(x)$ 在点 x 处的导数是无穷大，这时曲线 $y = f(x)$ 的割线以垂直于 x 轴的直线为极限位置，即曲线 $y = f(x)$ 在点 x 处具有垂直于 x 轴的切线.

根据导数的几何意义并应用直线的点斜式方程，可得曲线 $y = f(x)$ 在给定点 $M(x_0, y_0)$ 处的**切线方程**为

$$y - y_0 = f'(x_0)(x - x_0).$$

如果 $f'(x_0) \neq 0$，曲线 $y = f(x)$ 在给定点 $M(x_0, y_0)$ 处的**法线方程**为

$$y - y_0 = -\frac{1}{f'(x_0)}(x - x_0).$$

例 9　求曲线 $y = \dfrac{1}{x}$ 在点(1,1)处的切线方程.

解　由 $y' = -\dfrac{1}{x^2}$，则 $y'|_{x=1} = -\dfrac{1}{1^2} = -1$，因此点(1,1)处切线的斜率是 -1；又因为切线经过点(1,1)，则切线方程为 $y - 1 = -1 \cdot (x - 1)$，即 $y = -x + 2$ 为点(1,1)处的切线方程.

习　题　4.1

1. 运用基本求导公式计算下列函数的导数：

(1) $y = x^{100}$；　(2) $y = \dfrac{1}{x^5}$；　(3) $y = \sqrt{x}$；　(4) $y = \log_2 x$；

(5) $y = \cos x$；　(6) $y = 3^x$；　(7) $y = \ln x$；　(8) $y = \sin x$.

2. 求下列函数在指定点处的导数：

(1) $y = x^2$，$x = 1$ 和 $x = 5$；　　(2) $y = \dfrac{1}{x}$，$x = 2$；

(3) $y = \sin x, x = \frac{\pi}{2}$;　　(4) $y = \ln x, x = 1$.

3. 设函数 $f(x) = x^3$,则 $f'(2) =$ ________,$[f(2)]' =$ ________.

4. 求函数 $y = \sqrt[3]{x}$ 的导数,并求在 $x = 1$ 处曲线的切线方程.

5. 求曲线 $y = x^2$ 上与直线 $x - y + 2 = 0$ 平行的切线方程.

6. 已知质点的直线运动方程是 $s = t^3$(t 的单位是 s,s 的单位是 m),求:

(1) 从 $t = 1$ 到 $t = 2$ 时间内的平均速度;

(2) 在 $t = 2$ 这一时刻的瞬时速度.

4.2　导数基本公式与求导法则

4.2.1　函数四则运算求导法则

由导数的定义,可以推导出导数的四则运算法则如下(证明过程请参看其他相关资料).

定理 1　如果函数 $u = u(x)$ 及 $v = v(x)$ 在点 x 处都具有导数,则它们的和、差、积、商(分母为零的点除外)构成的函数在点 x 处也都具有导数,且有

(1) 和差法则

$$[u(x) \pm v(x)]' = u'(x) \pm v'(x).$$

(2) 积法则

$$[u(x)v(x)]' = u'(x)v(x) + u(x)v'(x).$$

如果 $v(x) = C$(C 为常数),则有 $[C \cdot u(x)]' = C \cdot u'(x)$.

(3) 商法则

$$\left[\frac{u(x)}{v(x)}\right]' = \frac{u'(x)v(x) - u(x)v'(x)}{[v(x)]^2}, v(x) \neq 0.$$

例 1　求下列函数的导数:

(1) $y = 5x^3$;　　(2) $y = 3x - 4$;

(3) $y = 4x^5 + 3x^3$;　　(4) $y = (x^2 + 1)(x - 2)$.

解　(1) $y' = (5x^3)' = 5(x^3)' = 5 \times 3x^2 = 15x^2$;

(2) $y' = (3x - 4)' = (3x)' - 4' = 3$;

(3) $y' = (4x^5 + 3x^3)' = (4x^5)' + (3x^3)' = 4 \times 5x^4 + 3 \times 3x^2 = 20x^4 + 9x^2$;

(4) 先把函数式右边展开,再求导数,

$$y = (x^2 + 1)(x - 2) = x^3 - 2x^2 + x - 2,$$

$$y' = (x^3 - 2x^2 + x - 2)' = (x^3)' - (2x^2)' + x' - 2' = 3x^2 - 4x + 1.$$

例 2　已知 $f(x) = x^2 + 2\sin x - \cos\frac{\pi}{4}$,求 $f'(x)$.

解　$f'(x)=(x^2)'+(2\sin x)'-\left(\cos\frac{\pi}{4}\right)'=2x+2\cos x.$

例 3　已知函数 $y=x^2\cdot\sin x$，求 y'.

解　$y'=(x^2)'\sin x+x^2(\sin x)'=2x\sin x+x^2\cos x.$

例 4　求正切函数 $y=\tan x$ 的导数.

解　
$$y'=(\tan x)'=\left(\frac{\sin x}{\cos x}\right)'=\frac{(\sin x)'\cos x-\sin x(\cos x)'}{\cos^2 x}=\frac{\cos^2 x+\sin^2 x}{\cos^2 x}=\frac{1}{\cos^2 x}=\sec^2 x.$$

使用同样的方法可求得：$(\cot x)'=-\frac{1}{\sin^2 x}=-\csc^2 x.$

例 5　求余割函数 $y=\sec x$ 的导数.

解　
$$y'=(\sec x)'=\left(\frac{1}{\cos x}\right)'=\frac{-(\cos x)'}{\cos^2 x}=\frac{\sin x}{\cos^2 x}=\sec x\cdot\tan x,$$

即
$$(\sec x)'=\sec x\cdot\tan x.$$

用类似方法可得
$$(\csc x)'=-\csc x\cdot\cot x.$$

*4.2.2　反函数的求导法则

定理 2　如果 x 关于 y 的函数 $x=\varphi(y)$ 在区间 I_y 内单调，可导，且 $\varphi'(y)\neq 0$，则它的反函数 $y=f(x)$ 在区间 $I_x=\{x\,|\,x=\varphi(y),y\in I_y\}$ 内也可导，且

$$f'(x)=\frac{1}{\varphi'(y)}\text{ 或}\frac{\mathrm{d}y}{\mathrm{d}x}=\frac{1}{\frac{\mathrm{d}x}{\mathrm{d}y}}\text{ 或 }y'_x=\frac{1}{x'_y}.$$

这一结论可叙述为：反函数的导数等于直接函数导数的倒数.

例 6　求反正弦函数 $y=\arcsin x$ 的导数.

解　$y=\arcsin x$ 是反正弦函数，它的直接函数是 $x=\sin y$，$\sin y$ 在区间 $\left(-\frac{\pi}{2},\frac{\pi}{2}\right)$ 内单调，可导，且 $x'_y=\cos y\neq 0$，因此它的反函数 $y=\arcsin x$ 在 $\sin y$ 的值域 $(-1,1)$ 内单调且可导，

$$(\arcsin x)'=\frac{1}{(\sin y)'}=\frac{1}{\cos y}.$$

而 $\cos y=\pm\sqrt{1-\sin^2 y}=\pm\sqrt{1-x^2}$，因为 $y\in\left(-\frac{\pi}{2},\frac{\pi}{2}\right)$，所以前面应取正号，由此得到

$$(\arcsin x)'=\frac{1}{\sqrt{1-x^2}}.$$

用类似方法可得
$$(\arccos x)'=-\frac{1}{\sqrt{1-x^2}}.$$

例 7　求反正切函数 $y=\arctan x$ 的导数.

解　$y=\arctan x$ 是 $x=\tan y$ 的反函数,当 $y\in\left(-\frac{\pi}{2},\frac{\pi}{2}\right)$ 时,$x=\tan y$ 单调,可导,且 $(\tan y)'=\sec^2 y\neq 0$,所以反函数 $y=\arctan x$ 在 $x\in(-\infty,+\infty)$ 内有

$$\begin{aligned}y'=(\arctan x)'&=\frac{1}{(\tan y)'}\\&=\frac{1}{\sec^2 y}=\frac{1}{\tan^2 y+1}\\&=\frac{1}{1+x^2},\end{aligned}$$

即

$$(\arctan x)'=\frac{1}{1+x^2}.$$

用类似方法可得

$$(\operatorname{arccot} x)'=-\frac{1}{1+x^2}.$$

例 8　求指数函数 $y=a^x(a>0,a\neq 1)$ 的导数.

解　因为指数函数 $y=a^x$ 是对数函数 $x=\log_a y$ 的反函数,而 $x=\log_a y$ 在 $y\in(0,+\infty)$ 内单调,可导,且 $(\log_a y)'=\frac{1}{y\ln a}\neq 0$,所以

$$(a^x)'=\frac{1}{(\log_a y)'}=\frac{1}{\frac{1}{y\ln a}}=y\ln a=a^x\ln a.$$

特别地,$(\mathrm{e}^x)'=\mathrm{e}^x$.

4.2.3　基本初等函数的导数公式

由前面的例题可得,基本初等函数的导数公式如下:

(1) 常函数的导数公式 $C'=0$;

(2) 幂函数的导数公式 $(x^\mu)'=\mu x^{\mu-1}$;

(3) 指数函数的导数公式 $(a^x)'=a^x\ln a$,$(\mathrm{e}^x)'=\mathrm{e}^x$;

(4) 对数函数的导数公式 $(\log_a x)'=\frac{1}{x\ln a}$,$(\ln x)'=\frac{1}{x}$;

(5) 三角函数的导数公式

$(\sin x)'=\cos x$,　　$(\cos x)'=-\sin x$,

$(\tan x)'=\frac{1}{\cos^2 x}=\sec^2 x$,　　$(\cot x)'=-\frac{1}{\sin^2 x}=-\csc^2 x$,

$(\sec x)'=\sec x\cdot\tan x$,　　$(\csc x)'=-\csc x\cdot\cot x$;

(6) 反三角函数的导数公式

$(\arcsin x)'=\frac{1}{\sqrt{1-x^2}}$,　　$(\arccos x)'=-\frac{1}{\sqrt{1-x^2}}$,

$$(\arctan x)' = \frac{1}{1+x^2}, \qquad (\text{arccot}x)' = -\frac{1}{1+x^2}.$$

4.2.4　复合函数的求导法则

定理 3　如果函数 $u=\varphi(x)$ 在点 x 处可导，而函数 $y=f(u)$ 在点 $u=\varphi(x)$ 处可导，则复合函数 $y=f[\varphi(x)]$ 在点 x 处可导，且其导数为

$$\frac{dy}{dx}=f'(u)\cdot u'(x) \quad 或 \quad \frac{dy}{dx}=\frac{dy}{du}\cdot\frac{du}{dx} \quad 或 \quad y'_x=y'_u\cdot u'_x.（证明略）$$

复合函数的求导法则可叙述为两个可导函数构成的复合函数的导数等于外层函数对中间变量(即内层函数)的导数乘以中间变量对自变量的导数.

复合函数求导法则可推广到任意有限个可导函数构成的复合函数的导数.

例 9　求函数 $y=\sin(2x+1)$ 的导数.

解　$y=\sin(2x+1)$ 可以看作函数 $y=\sin u$ 和 $u=2x+1$ 的复合函数，根据复合函数的求导法则，有

$$\frac{dy}{dx}=\frac{dy}{du}\cdot\frac{du}{dx}=(\sin u)'_u(2x+1)'_x=\cos u\cdot 2=2\cos(2x+1).$$

例 10　求函数 $y=e^{\sin x}$ 的导数.

解　$y=e^{\sin x}$ 可以看作函数 $y=e^u$ 和 $u=\sin x$ 的复合函数，根据复合函数的求导法则，有

$$\frac{dy}{dx}=(e^u)'_u(\sin x)'_x=e^u\cos x=e^{\sin x}\cos x.$$

例 11　求函数 $y=(1+x^2)^5$ 的导数.

解　$y=(1+x^2)^5$ 可以看作函数 $y=u^5$ 和 $u=1+x^2$ 的复合函数，根据复合函数的求导法则，有

$$y'_x=y'_uu'_x=(u^5)'_u(1+x^2)'_x=5u^4\cdot 2x=10x(1+x^2)^4.$$

例 12　求函数 $y=\ln(\cos x)$ 的导数.

解　$y=\ln(\cos x)$ 可以看作函数 $y=\ln u$ 和 $u=\cos x$ 的复合函数，根据复合函数的求导法则，有

$$y'_x=y'_u\cdot u'_x=(\ln u)'_u\cdot(\cos x)'_x=\frac{1}{u}\cdot(-\sin x)=-\frac{\sin x}{\cos x}=-\tan x.$$

对复合函数的分解比较熟悉后，中间变量不必写出，可直接用公式分步求导.

例 13　求函数 $y=\sqrt{1-x^2}$ 的导数.

解　$y'=\dfrac{1}{2\sqrt{1-x^2}}(1-x^2)'=\dfrac{1}{2\sqrt{1-x^2}}(-2x)=-\dfrac{x}{\sqrt{1-x^2}}.$

例 14　求函数 $y=\ln(x+\sqrt{x^2+1})$ 的导数.

解 $y' = \dfrac{1}{x+\sqrt{x^2+1}}(x+\sqrt{x^2+1})' = \dfrac{1+\dfrac{1}{2\sqrt{x^2+1}}(x^2+1)'}{x+\sqrt{x^2+1}}$

$$= \frac{1+\dfrac{1}{2\sqrt{x^2+1}}\cdot 2x}{x+\sqrt{x^2+1}} = \frac{1+\dfrac{x}{\sqrt{x^2+1}}}{x+\sqrt{x^2+1}} = \frac{\dfrac{\sqrt{x^2+1}+x}{\sqrt{x^2+1}}}{x+\sqrt{x^2+1}} = \frac{1}{\sqrt{x^2+1}}.$$

例 15 求函数 $y=(x^2+\sin 2x)^3$ 的导数.

解 $y' = 3(x^2+\sin 2x)^2(x^2+\sin 2x)'$

$= 3(x^2+\sin 2x)^2[2x+\cos 2x\cdot(2x)']$

$= 6(x^2+\sin 2x)^2(x+\cos 2x).$

例 16 求函数 $y=\ln(\cos e^x)$ 的导数.

解 $y' = [\ln(\cos e^x)]' = \dfrac{(\cos e^x)'}{\cos e^x} = \dfrac{-\sin e^x\cdot(e^x)'}{\cos e^x} = -e^x\tan e^x.$

例 17 求函数 $y=\sin nx\cdot\sin^n x$(n 为常数)的导数.

解 $y' = (\sin nx)'\cdot\sin^n x + \sin nx\cdot(\sin^n x)'.$

$= \cos nx\cdot(nx)'\cdot\sin^n x + \sin nx\cdot n\sin^{n-1}x\cdot(\sin x)'$

$= n\sin^{n-1}x\cdot(\cos nx\cdot\sin x + \sin nx\cdot\cos x)$

$= n\sin^{n-1}x\cdot\sin[(n+1)x].$

习 题 4.2

1. 求下列函数的导数:

(1) $y=8x^2$; (2) $y=2x-1$;

(3) $y=2x^3+x$; (4) $y=3x^4-4x$;

(5) $y=(2x-1)(3x+2)$; (6) $y=x^2(x^3-4)$;

(7) $y=x^3-3x+\sqrt{x}-\ln 2$; (8) $y=\dfrac{x}{3}-\dfrac{3}{x}+\sqrt{x}+\dfrac{1}{\sqrt{x}}$;

(9) $y=4e^x+3\cos x$; (10) $y=3\ln x-5\sin x$;

(11) $y=2\sin x+3\cos x-4\tan x+\cot\dfrac{\pi}{6}$; (12) $y=\arcsin x+\arctan x$;

(13) $y=e^x\sin x$; (14) $y=x^2\ln x$;

(15) $y=(1+x^2)\arctan x$; (16) $y=\dfrac{\sin x}{1+\cos x}$.

2. 求下列函数的导数:

(1) $y=\cos(3x-5)$; (2) $y=\ln(5x+8)$;

(3) $y=(2x+1)^{10}$; (4) $y=e^{-3x}$;

(5) $y=\ln(x^2+1)$; (6) $y=e^{\cos x}$;

(7) $y=\sqrt{1+e^x}$；

(8) $y=\arcsin\sqrt{x}$；

(9) $y=x^2\arctan\dfrac{1}{x}$；

(10) $y=\sin(2x+3)+\tan x^2$；

(11) $y=\sqrt{1-4x^2}\arcsin(2x)$；

(12) $y=(1+\sin x^2)^3$；

(13) $y=\ln\cos x^2$.

4.3　其他函数的求导法则与高阶导数

*4.3.1　隐函数的求导法则

前面讨论的函数都是由自变量的解析式给出的，这样的函数叫作**显函数**. 在函数关系中，有时 x 和 y 的函数关系是由一个二元方程 $F(x,y)=0$ 确定的，这种函数叫作**隐函数**. 例如方程 $x^2+y^2=4$ 所确定的函数 $y=f(x)$ 就是隐函数. 有的隐函数可以化为显函数，但有的隐函数不易化为显函数，有的隐函数甚至不可能化为显函数. 那么，怎样求隐函数的导数呢？

下面用例子说明隐函数的求导方法.

例 1　求由方程 $x^2+y^2-1=0$ 所确定的隐函数 $y=f(x)$ 的导数 y'.

解　y 就是因变量(函数)，y^2 是关于 y 的函数(幂函数)，而 y 又是关于 x 的函数，所以 y^2 是以 y 为中间变量的关于 x 的复合函数.

等式两边对 x 求导

$$(x^2)'+(y^2)'-1'=0,$$

因

$$(y^2)'=2y\cdot y',$$

因此方程两边求导得到

$$2x+2y\cdot y'=0,$$

从中解出导数

$$y'=-\frac{x}{y}.$$

例 2　求由方程 $xy-e^x+e^y=0$ 确定的函数的导数 y'，并求 $y'|_{x=0}$.

解　y 是因变量(函数)，所以 e^y 是以 y 为中间变量的关于 x 的复合函数. 等式两边同时对 x 求导

$$(xy)'-(e^x)'+(e^y)'=0',$$

$$y+xy'-e^x+e^y\cdot y'=0,$$

由上式解出 y'，得

$$y'=\frac{e^x-y}{x+e^y},$$

把 $x=0$ 代入原方程得 $y=0$，

则
$$y'\Big|_{x=0}=\frac{e^0-0}{0+e^0}=1.$$

通过上述两个例子可归纳出隐函数的求导法则：

方程 $F(x,y)=0$ 两边同时对 x 求导，将关于 y 的函数看作是以 y 为中间变量的关于 x 的复合函数来求导，得到一个关于 y' 的方程，解出 y'，即为所求的隐函数的导数.

例 3　求曲线 $x^2+y^4=17$ 在点 $x=4$ 处的切线方程.

解　把 $x=4$ 代入方程得 $y=\pm 1$，所以曲线上 $x=4$ 有两点，即点 $A(4,1)$ 与点 $B(4,-1)$. 方程两边对 x 求导
$$2x+4y^3\cdot y'=0,$$
则
$$y'=-\frac{x}{2y^3},$$
所以有：

点 A 处切线斜率 $y_1'=-2$，切线方程为 $y-1=-2(x-4)$，即 $2x+y-9=0$；

点 B 处切线斜率 $y_2'=2$，切线方程为 $y+1=2(x-4)$，即 $2x-y-9=0$.

*4.3.2　对数求导法

有些显函数的导数用常规方法不易求出，例如，幂指函数以及由多个因式积商及次幂构成的函数. 但我们可以利用对数的性质，将显函数化成容易求导的隐函数，再利用隐函数求导法则进行求导. 这种方法称为**对数求导法**.

对数求导法分两步：**第一步取给定函数的对数，并用对数的性质将其化为最简；第二步运用隐函数求导法则求导.**

例 4　求函数 $y=x^{\sin x}\ (x>0)$ 的导数.

解　这是幂指函数，应用对数求导法：

第一步，等式两边取以 e 为底的对数，得 $\ln y=\sin x\cdot\ln x$；

第二步，等式两边同时对 x 求导，$\frac{1}{y}\cdot y'=\cos x\cdot\ln x+\sin x\cdot\frac{1}{x}$.

从第二步中解出 y'，得 $y'=y\left(\cos x\ln x+\frac{\sin x}{x}\right)=x^{\sin x}\left(\cos x\ln x+\frac{\sin x}{x}\right)$.

例 5　求函数 $y=\sqrt{\frac{(x-1)(x-2)}{(x-3)(x-4)}}$ 的导数.

解　函数有四个相乘因子，应用对数求导法：

等式两边取对数，并化成最简

$$\ln y = \frac{1}{2}[\ln(x-1)+\ln(x-2)-\ln(x-3)-\ln(x-4)],$$

上式两边对 x 求导得

$$\frac{1}{y}\cdot y' = \frac{1}{2}\left(\frac{1}{x-1}+\frac{1}{x-2}-\frac{1}{x-3}-\frac{1}{x-4}\right),$$

于是

$$y' = \frac{y}{2}\left(\frac{1}{x-1}+\frac{1}{x-2}-\frac{1}{x-3}-\frac{1}{x-4}\right).$$

注　本来等式两边取对数时需取绝对值，因为 $(\ln x)' = \frac{1}{x}$，$(\ln|x|)' = \frac{1}{x}$，故今后默认各式均大于 0.

*4.3.3　由参数方程所确定的函数的导数

设有参数方程

$$\begin{cases} x = \varphi(t), \\ y = \psi(t) \end{cases}(t\text{ 为参数}),$$

如果参数方程 $x=\varphi(t)$，$y=\psi(t)$ 可导，且 $\varphi'(t)\neq 0$，$x=\varphi(t)$ 具有反函数，则

$$\frac{\mathrm{d}y}{\mathrm{d}x} = \frac{\mathrm{d}y}{\mathrm{d}t}\cdot\frac{\mathrm{d}t}{\mathrm{d}x} = \frac{\mathrm{d}y}{\mathrm{d}t}\cdot\frac{1}{\frac{\mathrm{d}x}{\mathrm{d}t}} = \frac{\frac{\mathrm{d}\psi(t)}{\mathrm{d}t}}{\frac{\mathrm{d}\varphi(t)}{\mathrm{d}t}} = \frac{\psi'(t)}{\varphi'(t)}.$$

这就是由参数方程确定的函数 $y=f(x)$ 的导数公式.

例 6　已知椭圆的参数方程为

$$\begin{cases} x = a\cos\theta, \\ y = b\sin\theta \end{cases}\quad(a>0,b>0,\theta\text{ 为参数}),$$

求椭圆在 $\theta=\frac{\pi}{4}$ 处的切线方程.

解　因为 $\frac{\mathrm{d}x}{\mathrm{d}\theta} = -a\sin\theta$，$\frac{\mathrm{d}y}{\mathrm{d}\theta} = b\cos\theta$，所以

$$\frac{\mathrm{d}y}{\mathrm{d}x} = \frac{\frac{\mathrm{d}y}{\mathrm{d}\theta}}{\frac{\mathrm{d}x}{\mathrm{d}\theta}} = -\frac{b\cos\theta}{a\sin\theta} = -\frac{b}{a}\cot\theta.$$

当 $\theta=\frac{\pi}{4}$ 时，椭圆上对应点的坐标 $M(x_0,y_0)$ 是

$$x_0 = a\cos\frac{\pi}{4} = \frac{a\sqrt{2}}{2},\quad y_0 = b\sin\frac{\pi}{4} = \frac{b\sqrt{2}}{2}.$$

椭圆在点 M 处的切线斜率为

$$k = y'_x \Big|_{\theta=\frac{\pi}{4}} = -\frac{b}{a}\cot\theta \Big|_{\theta=\frac{\pi}{4}} = -\frac{b}{a},$$

所以椭圆在点 M 处的切线方程为

$$y - \frac{b\sqrt{2}}{2} = -\frac{b}{a}\left(x - \frac{a\sqrt{2}}{2}\right),$$

经整理得
$$bx + ay - \sqrt{2}ab = 0.$$

例 7 设 $\begin{cases} x = t - \cos t \\ y = 1 + \sin t \end{cases}$,求 $\frac{\mathrm{d}y}{\mathrm{d}x}$.

解 $\frac{\mathrm{d}x}{\mathrm{d}t} = 1 + \sin t, \frac{\mathrm{d}y}{\mathrm{d}t} = \cos t$,

$$\frac{\mathrm{d}y}{\mathrm{d}x} = \frac{\frac{\mathrm{d}y}{\mathrm{d}t}}{\frac{\mathrm{d}x}{\mathrm{d}t}} = \frac{\cos t}{1 + \sin t}.$$

4.3.4 高阶导数

在 4.1 节中,我们知道路程函数的导数是速度函数,速度函数的导数是加速度函数,也就是说,对路程函数连续求两次导数就是加速度函数. 这种对函数连续求两次导数,就是所谓的二阶导数.

二阶导数:函数 $y = f(x)$ 的一阶导数 $f'(x)$ 的一阶导数$[f'(x)]'$,记作

$$y'', f''(x) \text{ 或} \frac{\mathrm{d}^2 y}{\mathrm{d}x^2}.$$

三阶导数:$y''' = f'''(x) = \frac{\mathrm{d}^3 y}{\mathrm{d}x^3} = (y'')'$.

n 阶导数:$y^{(n)} = f^{(n)}(x) = \frac{\mathrm{d}^n y}{\mathrm{d}x^n} = (y^{(n-1)})'(n > 3)$.

函数的二阶及二阶以上的导数统称为**高阶导数**.

例 8 设 $y = x\mathrm{e}^x$,求 $y', y'', y''', y^{(n)}$.

解 $y' = \mathrm{e}^x + x\mathrm{e}^x = (x+1)\mathrm{e}^x$,

$y'' = [(x+1)\mathrm{e}^x]' = \mathrm{e}^x + (x+1)\mathrm{e}^x = (x+2)\mathrm{e}^x$,

$y''' = [(x+2)\mathrm{e}^x]' = \mathrm{e}^x + (x+2)\mathrm{e}^x = (x+3)\mathrm{e}^x$,

$\vdots$

由此归纳,$y^{(n)} = (x+n)\mathrm{e}^x$.

例 9 求指数函数 $y = a^x$ 的 n 阶导数.

解 $y = a^x$,

$y' = a^x \ln a$,

$y'' = a^x \ln a \cdot \ln a = a^x (\ln a)^2,$

$y''' = (y'')' = a^x (\ln a)^2 \cdot \ln a = a^x (\ln a)^3,$

$\vdots$

$y^{(n)} = a^x (\ln a)^n.$

当 $a = \mathrm{e}$ 时，有 $(\mathrm{e}^x)^{(n)} = \mathrm{e}^x$.

例 10　求函数 $y = \sin x$ 的 n 阶导数.

解　$y = \sin x$,

$y' = \cos x = \sin\left(x + \frac{\pi}{2}\right),$

$y'' = \cos\left(x + \frac{\pi}{2}\right) = \sin\left(x + \frac{\pi}{2} + \frac{\pi}{2}\right) = \sin\left(x + 2 \cdot \frac{\pi}{2}\right),$

$y''' = \cos\left(x + 2 \cdot \frac{\pi}{2}\right) = \sin\left(x + 3 \cdot \frac{\pi}{2}\right),$

$\vdots$

$y^{(n)} = \sin\left(x + n \cdot \frac{\pi}{2}\right).$

即
$$\sin x^{(n)} = \sin\left(x + n \cdot \frac{\pi}{2}\right).$$

用类似方法可得
$$\cos x^{(n)} = \cos\left(x + n \cdot \frac{\pi}{2}\right).$$

习　题　4.3

1. 利用隐函数求导法则求下列函数的导数：

(1) $y = 1 + x\mathrm{e}^y$；　(2) $x^3 + y^3 - 3a^2xy = 0$；　(3) $y = \cos(x + y)$.

2. 利用对数求导法求下列函数的导数：

(1) $y = x^x$；　(2) $y = (1 + x^2)^x$；　(3) $y = \dfrac{(x+1)^3 (x-2)^{\frac{1}{4}}}{(x-3)^{\frac{2}{5}}}$.

3. 求下列参数方程的导数：

(1) $\begin{cases} x = t^2, \\ y = 2t^3 + 1; \end{cases}$　　(2) $\begin{cases} x = t \cdot \cos t, \\ y = t \cdot \sin t. \end{cases}$

4. 求下列函数的二阶导数：

(1) $y = \ln\sin x$；　(2) $y = \mathrm{e}^{-2x}$；　(3) $y = x^2 \ln x$.

*5. 求下列函数的 n 阶导数：

(1) $y = \dfrac{1}{x-2}$；　(2) $y = \sin^2 x$；　(3) $y = x\ln x$.

4.4 微　分

4.4.1 微分的概念

先看一个具体例子:一块边长为 x 的正方形金属薄片,受热后边长伸长了 Δx,试分析金属薄片的面积增量 Δs.

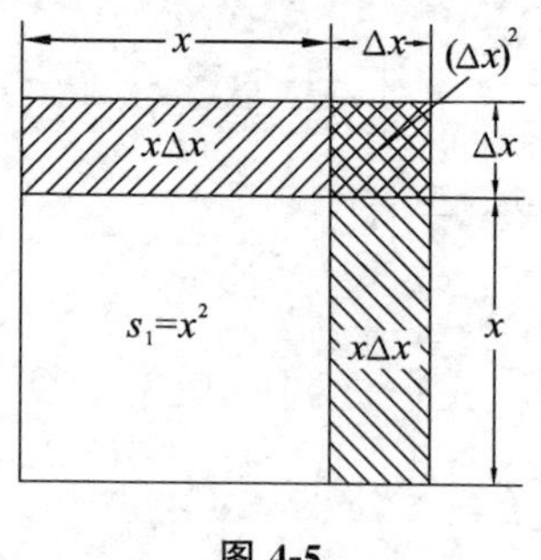

图 4-5

如图 4-5 所示,边长为 x 时,正方形面积为 $s_1 = x^2$,受热后正方形面积为 $s_2 = (x + \Delta x)^2$,面积增量为 $\Delta s = s_2 - s_1 = (x + \Delta x)^2 - x^2 = 2x\Delta x + (\Delta x)^2$.

上式表示面积增量由两部分组成.第一部分是 $2x\Delta x$,在图 4-5 中,是两小长条矩形面积,这是面积增量的主要部分,它是 Δx 的线性函数.第二部分是 $(\Delta x)^2$,在图 4-5 中是一个小正方形,只占面积增量的很小一部分,它是 Δx 的高阶无穷小.所以当 Δx 很小时,面积增量 Δs 可以用第一部分 $2x\Delta x$ 来近似代替,即 $\Delta s \approx 2x\Delta x$.

定义 1　设函数 $y = f(x)$ 在某区间内有定义,当自变量在点 x 处取得增量 Δx(x 及 $x + \Delta x$ 在这区间内),如果函数增量可表示为

$$\Delta y = f(x + \Delta x) - f(x) = A\Delta x + o(\Delta x),$$

其中 A 是与 Δx 无关的常数,$o(\Delta x)$ 是比 Δx 高阶的无穷小,则称函数 $y = f(x)$ 在点 x 处**可微**,并称 $A\Delta x$ 为函数 $y = f(x)$ 在点 x 处的**微分**,记为 $\mathrm{d}y$,即 $\mathrm{d}y = A\Delta x$.

函数 $y = f(x)$ 在点 x 处**可微的充要条件**是函数在点 x 处**可导**,且 $A = f'(x)$(证明略).

例 1　求函数 $y = x^2$ 当 $x = 2, \Delta x = 0.01$ 时的微分.

解　先求函数 $y = x^2$ 在任意点 x 的微分,

$$\mathrm{d}y = (x^2)'\Delta x = 2x\Delta x,$$

再把 $x = 2, \Delta x = 0.01$ 代入得

$$\mathrm{d}y = 2x\Delta x\Big|_{\substack{x=2\\ \Delta x=0.01}} = 2 \times 2 \times 0.01 = 0.04.$$

通常把自变量的增量 Δx 称为**自变量的微分**,记为 $\mathrm{d}x$,即 $\mathrm{d}x = \Delta x$,所以函数 $y = f(x)$ 的微分可记作 $\mathrm{d}y = f'(x)\mathrm{d}x$,从而有 $\dfrac{\mathrm{d}y}{\mathrm{d}x} = f'(x)$,即函数的微分 $\mathrm{d}y$ 与自变量的微分 $\mathrm{d}x$ 的商等于函数的导数 $f'(x)$,故导数也叫**微商**.

4.4.2　微分的几何意义

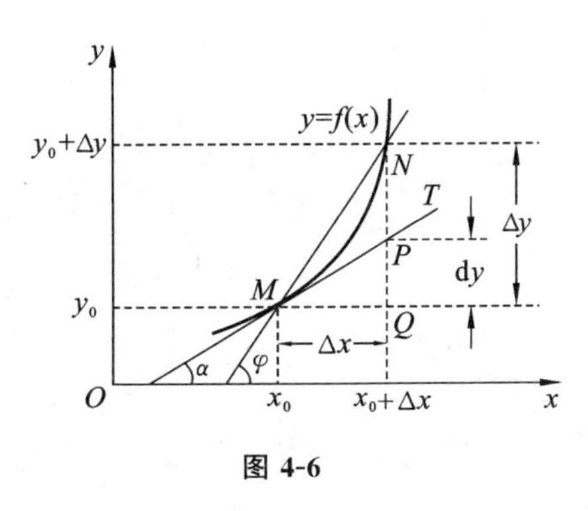

图 4-6

微分的几何意义如图 4-6 所示，当自变量从 x_0 增加到 $x_0+\Delta x$ 时，函数 $y=f(x)$ 对应的曲线上的点 $M(x_0,y_0)$ 移动到点 $N(x_0+\Delta x,y_0+\Delta y)$，其增量为 $\Delta y=QN$.

曲线过点 M 的切线为 MT，设其倾斜角为 α，MT 与 QN 交于点 P，则

$QP=MQ\cdot\tan\alpha=\Delta x\cdot f'(x_0)$，即 $\mathrm{d}y=QP$.

因此，对于可微函数 $y=f(x)$ 而言，当 Δy 是曲线 $y=f(x)$ 上某点 M 的纵坐标的增量时，其微分 $\mathrm{d}y$ 就是曲线的切线上对应的纵坐标的相应增量. 当 $|\Delta x|$ 很小时，$|\Delta y-\mathrm{d}y|$ 比 $|\Delta x|$ 小得多，因此在点 M 的充分小的范围内，可以用点 M 的切线段来代替曲线段，即“以直代曲”的极限思想方法.

4.4.3　基本初等函数的微分公式与微分运算法则

由于函数的微分表达式为 $\mathrm{d}y=f'(x)\mathrm{d}x$，所以，要计算函数的微分，只要计算出函数的导数，就能得到它相应的微分.

基本初等函数的微分公式和微分运算法则如下.

1. 基本初等函数的微分公式

为了和基本初等函数的导数公式相对照，下面把导数公式和对应微分公式一一列出：

导数公式	微分公式
$C'=0$	$\mathrm{d}(C)=0$
$(x^\mu)'=\mu x^{\mu-1}$	$\mathrm{d}(x^\mu)=\mu x^{\mu-1}\mathrm{d}x$
$(a^x)'=a^x\ln a$	$\mathrm{d}(a^x)=a^x\ln a\mathrm{d}x$
$(\mathrm{e}^x)'=\mathrm{e}^x$	$\mathrm{d}(\mathrm{e}^x)=\mathrm{e}^x\mathrm{d}x$
$(\log_a x)'=\dfrac{1}{x\ln a}$	$\mathrm{d}(\log_a x)=\dfrac{1}{x\ln a}\mathrm{d}x$
$(\ln x)'=\dfrac{1}{x}$	$\mathrm{d}(\ln x)=\dfrac{1}{x}\mathrm{d}x$
$(\sin x)'=\cos x$	$\mathrm{d}(\sin x)=\cos x\mathrm{d}x$
$(\cos x)'=-\sin x$	$\mathrm{d}(\cos x)=-\sin x\mathrm{d}x$
$(\tan x)'=\sec^2 x$	$\mathrm{d}(\tan x)=\sec^2 x\mathrm{d}x$

$(\cot x)' = -\csc^2 x$　　　　$d(\cot x) = -\csc^2 x dx$

$(\sec x)' = \sec x \tan x$　　　　$d(\sec x) = \sec x \tan x dx$

$(\csc x)' = -\csc x \cot x$　　　　$d(\csc x) = -\csc x \cot x dx$

$(\arcsin x)' = \frac{1}{\sqrt{1-x^2}}$　　　　$d(\arcsin x) = \frac{1}{\sqrt{1-x^2}}dx$

$(\arccos x)' = -\frac{1}{\sqrt{1-x^2}}$　　　　$d(\arccos x) = -\frac{1}{\sqrt{1-x^2}}dx$

$(\arctan x)' = \frac{1}{1+x^2}$　　　　$d(\arctan x) = \frac{1}{1+x^2}dx$

$(\text{arccot} x)' = -\frac{1}{1+x^2}$　　　　$d(\text{arccot} x) = -\frac{1}{1+x^2}dx$

2. 微分运算法则

函数和差积商求导法则　　　　函数和差积商微分法则

$(u \pm v)' = u' \pm v'$　　　　$d(u \pm v) = du \pm dv$

$(uv)' = u'v + uv'$　　　　$d(uv) = vdu + udv$

$(Cu)' = Cu'$(C 是常数)　　　　$d(Cu) = Cdu$(C 是常数)

$\left(\frac{u}{v}\right)' = \frac{u'v - uv'}{v^2}(v \neq 0)$　　　　$d\left(\frac{u}{v}\right) = \frac{vdu - udv}{v^2}(v \neq 0)$

3. 复合函数微分法则

设 $y = f(u)$ 和 $u = \varphi(x)$ 都可导,则复合函数 $y = f[\varphi(x)]$ 的微分为

$$dy = y'_x dx = f'(u) \cdot \varphi'(x)dx.$$

由 $u = \varphi(x)$,可得 $du = \varphi'(x)dx$,所以复合函数 $y = f[\varphi(x)]$ 的微分公式也可写成

$$dy = f'(u)du \quad 或 \quad dy = f'_u du.$$

由此可见,无论 u 是自变量还是中间变量,微分形式 $dy = f'(u)du$ 保持不变.这一性质称为**微分形式不变性**.这个性质为求复合函数的微分提供了方便.

例 2　求下列函数的微分.

(1) $y = \sqrt{1-x^2}$;　　(2) $y = \arctan\sqrt{x}$.

解　(1) 把 $1-x^2$ 看成中间变量 u,则

$$dy = d(\sqrt{1-x^2}) = \frac{1}{2\sqrt{1-x^2}}d(1-x^2) = \frac{-2x}{2\sqrt{1-x^2}}dx = \frac{-x}{\sqrt{1-x^2}}dx.$$

(2) 把$\sqrt{x}$ 看成中间变量 u,则

$$dy = \frac{1}{1+(\sqrt{x})^2}d(\sqrt{x})$$

$$= \frac{1}{1+x} \cdot \frac{1}{2\sqrt{x}} \mathrm{d}x$$

$$= \frac{\mathrm{d}x}{2\sqrt{x} \cdot (1+x)}.$$

也可以先求出函数的导数，再写成微分：

例 3　求函数 $y = \mathrm{e}^{-x^2}$ 的微分 $\mathrm{d}y$.

解　因 $y' = \mathrm{e}^{-x^2}(-x^2)' = -2x\mathrm{e}^{-x^2}$，所以

$$\mathrm{d}y = y'\mathrm{d}x = -2x\mathrm{e}^{-x^2}\mathrm{d}x.$$

例 4　填空：

(1) $\mathrm{d}(\quad) = 3\mathrm{d}x$;　　(2) $\mathrm{d}(\quad) = \mathrm{e}^{2x}\mathrm{d}x$;

(3) $x\mathrm{d}x = (\quad)\mathrm{d}(C+x^2)$;　　(4) $\frac{1}{1+2x}\mathrm{d}x = (\quad)\mathrm{d}[\ln(1+2x)]$.

解　(1) 因 $(3x+C)' = 3$，所以 $\mathrm{d}(3x+C) = 3\mathrm{d}x$;

(2) 因 $(\mathrm{e}^{2x}+C)' = 2\mathrm{e}^{2x}$，所以 $\left(\frac{1}{2}\mathrm{e}^{2x}+C\right)' = \mathrm{e}^{2x}$，于是 $\mathrm{d}\left(\frac{1}{2}\mathrm{e}^{2x}+C\right) = \mathrm{e}^{2x}\mathrm{d}x$;

(3) 因 $\mathrm{d}(x^2+C) = 2x\mathrm{d}x$，所以 $x\mathrm{d}x = \frac{1}{2}\mathrm{d}(x^2+C)$;

(4) 因 $\mathrm{d}[\ln(1+2x)] = \frac{(1+2x)'}{1+2x}\mathrm{d}x = \frac{2}{1+2x}\mathrm{d}x$，所以 $\frac{1}{1+2x}\mathrm{d}x = \frac{1}{2}\mathrm{d}[\ln(1+2x)]$.

*4.4.4　微分在近似计算中的应用

函数 $y = f(x)$ 在 $x = x_0$ 处，自变量有增量 Δx 时，相应地函数有增量 $\Delta y = f(x_0+\Delta x) - f(x_0)$，当 $|\Delta x|$ 很小时，可以用函数的微分 $\mathrm{d}y = f'(x_0)\mathrm{d}x$ 来近似代替函数的增量 Δy，即

$$\Delta y = f(x_0+\Delta x) - f(x_0) \approx \mathrm{d}y = f'(x_0)\mathrm{d}x.$$

由上式可得

$$f(x_0+\Delta x) \approx f(x_0) + f'(x_0)\mathrm{d}x.$$

一般 $|\Delta x|$ 越小，上述两式近似的精确度越高. 前一个式子用来计算函数增量 Δy 的近似值，后一个式子用来计算函数 $f(x)$ 在点 x 处 $(x = x_0+\Delta x)$ 函数值的近似值. 在后一个式子中，令 $x_0 = 0$，$\Delta x = x$，则式子为

$$f(x) \approx f(0) + f'(0) \cdot x.$$

当 $|x|$ 很小时，它可用于求函数 $f(x)$ 在点 $x = 0$ 附近的近似值.

例 5　求 $\sqrt{2}$ 的近似值.

解　设 $f(x) = \sqrt{x}$，则 $f'(x) = \frac{1}{2\sqrt{x}}$. 取 $x_0 = 1.96$，$\Delta x = 0.04$，由 $\sqrt{x_0+\Delta x} \approx$

$\sqrt{x_0} + \frac{1}{2\sqrt{x_0}} \cdot \Delta x$,得

$$\sqrt{2} = \sqrt{1.96 + 0.04} \approx \sqrt{1.96} + \frac{1}{2\sqrt{1.96}} \times 0.04 \approx 1.41428.$$

例 6　设半径为 10 cm 的金属薄片受热后半径伸长了 0.05 cm,求面积增量.

解　设圆面积为 s,半径为 r,则 $s = \pi r^2$.

已知 $r = 10$ cm,$\Delta r = 0.05$ cm,问题求面积的增量 Δs. 由于 Δr 很小,可用微分来近似代替函数增量

$$\Delta s \approx ds = s'(r)dr = 2\pi r dr.$$

代入已知值得

$$\Delta s \approx ds = 2 \times \pi \times 10 \times 0.05 \text{ cm}^2 \approx 3.14 \text{ cm}^2,$$

即面积约增大了 3.14 cm^2.

例 7　计算 $\sin 59°30'$ 的值.

解　选取函数 $f(x) = \sin x, f'(x) = \cos x$.

$59°30'$ 接近$60°$,取 $x_0 = 60° = \frac{\pi}{3}$,则 $\Delta x = -30' = -\frac{\pi}{360}$,则

$$\sin 59°30' \approx \sin\frac{\pi}{3} + \cos\frac{\pi}{3} \times \left(-\frac{\pi}{360}\right).$$

即

$$\sin 59°30' \approx \frac{\sqrt{3}}{2} + \frac{1}{2} \times \left(-\frac{\pi}{360}\right) \approx 0.8617.$$

习　题　4.4

1. 求下列函数的微分.

(1) $y = \sqrt{1+x}$;　(2) $y = x\sin x$;　(3) $y = e^{\sin x}$;

(4) $y = \sin(\omega x + \varphi_0)$;　(5) $y = \ln^2 x$;　(6) $y = x\ln x$.

2. 在下列括号内填入被微分的函数.

(1) d(　) = $2dx$;　(2) d(　) = $3xdx$;

(3) d(　) = $\cos t dt$;　(4) d(　) = $\sin\omega t dt$;

(5) d(　) = $\frac{1}{1+x}dx$;　(6) d(　) = $e^{-2x}dx$.

*3. 利用微分求下列各数的近似值,结果取到第四位小数.(其中:$\sqrt{3} \approx 1.7321, 1° = \frac{\pi}{180} \approx 0.017453$)

(1) $\sin(31°)$;　(2) $\sqrt[3]{1000.1}$.

4.5　利用导数研究函数的性态

4.5.1　函数的单调性与驻点

第二章我们给出了单调函数的定义，即对于函数 $y=f(x)$，若对任意的 $x_1,x_2\in[a,b]$，且 $x_1<x_2$，有 $f(x_1)<f(x_2)$（或 $f(x_1)>f(x_2)$），则称函数 $y=f(x)$ 在区间 $[a,b]$ 上**单调递增**（或**单调递减**）. 例如，图 4-7(a) 给出的函数 $y=f(x)$ 在区间 $[a,b]$ 上单调递增，图 4-7(b) 给出的函数 $y=f(x)$ 在区间 $[a,b]$ 上单调递减.

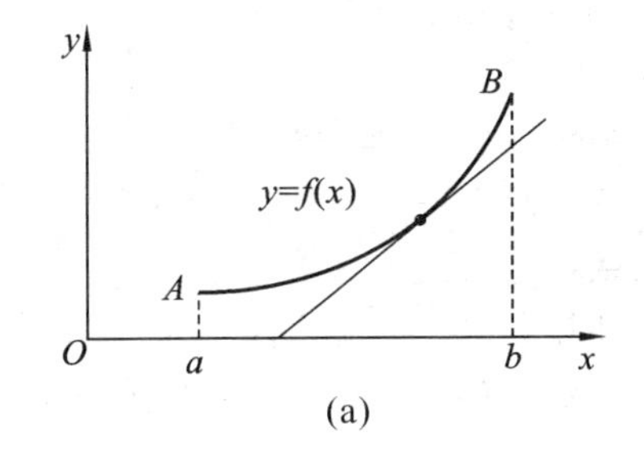

(a)

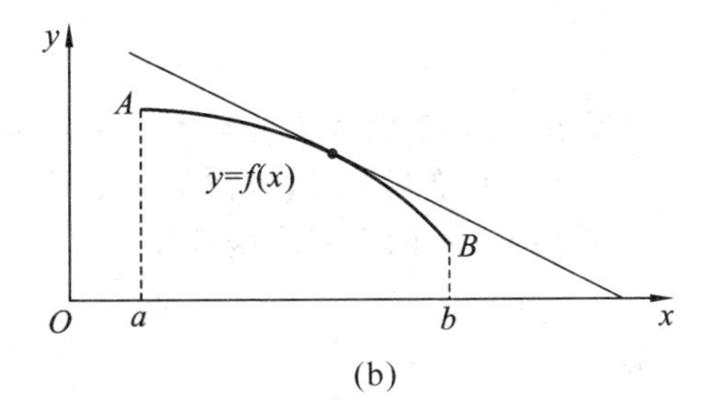

(b)

图 4-7

由图 4-7(a) 知，函数 $f(x)$ 如果在$[a,b]$上单调递增，其曲线上每一点处切线的倾斜角都是锐角，因而斜率 $\tan\alpha>0$，由导数的几何意义得 $f'(x)>0$.

由图 4-7(b) 知，函数 $f(x)$ 如果在$[a,b]$上单调递减，其曲线上每一点处切线的倾斜角都是钝角，因而斜率 $\tan\alpha<0$，由导数的几何意义得 $f'(x)<0$.

由此看出，函数在$[a,b]$上的单调性与函数导数 $f'(x)$ 在区间(a,b)上的符号有着必然的联系，于是可以证明函数的**单调性判定法**：

定理 1　设函数 $y=f(x)$ 在闭区间 $[a,b]$ 上连续，在开区间 (a,b)内可导，

(1) 若 $f'(x)>0$，则函数 $y=f(x)$ 在$[a,b]$上单调递增；

(2) 若 $f'(x)<0$，则函数 $y=f(x)$ 在 $[a,b]$ 上单调递减.

此定理的证明请参看其他数学教材.

例 1　判断下列函数在其区间上的单调性.

(1) $y=x^3+2x$；　(2) $y=\dfrac{1}{x}, x\in(0,+\infty)$；　(3) $y=x-\sin x, x\in[0,2\pi]$.

解　(1) 因为在$(-\infty,+\infty)$内，$y'=3x^2+2>0$，由定理 1 可知，函数在$(-\infty,+\infty)$上单调递增.

(2) 因为在$(0,+\infty)$内，$y'=-\dfrac{1}{x^2}<0$，由定理 1 可知，函数在$(0,+\infty)$上单

调递减.

(3) 因为在 $(0,2\pi)$ 内, $y' = 1 - \cos x > 0$,由定理 1 可知,函数在 $[0,2\pi]$ 上单调递增.

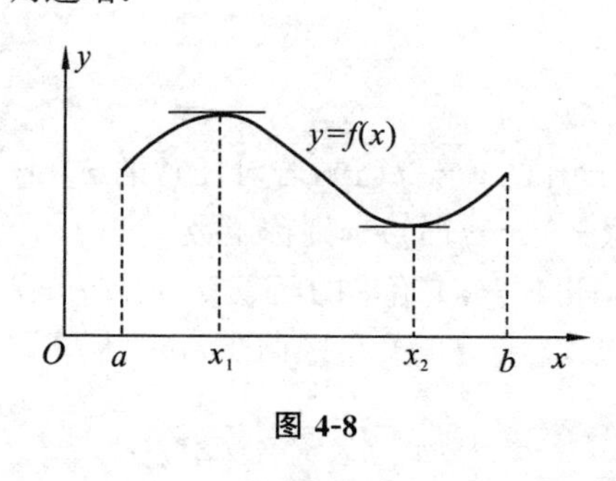

图 4-8

那么,怎样求函数的单调区间呢?

如图 4-8 所示,函数 $y = f(x)$ 的定义域 $[a,b]$ 可以分为若干部分区间,函数在这些部分区间上具有单调性. 我们称这些区间为函数的**单调区间**. 例如,函数 $f(x)$ 在 $[a,x_1]$, $[x_2,b]$ 上单调递增,在 $[x_1,x_2]$ 上单调递减.

对于可导函数来说,显然这些单调区间的分界点处的导数值应为零,如

$$f'(x_1) = f'(x_2) = 0.$$

但反过来,导数值为零的点不一定是单调区间的分界点,如函数 $f(x) = x^3$ 在 $(-\infty,+\infty)$ 上单调递增,但在 $x = 0$ 处有 $f'(x) = 0$.

使 $f'(x) = 0$ 的点叫作函数 $y = f(x)$ 的**驻点**.

例 2　求函数 $f(x) = x^2 - 2x - 4$ 的单调区间.

解　函数的定义域为 $(-\infty,+\infty)$,求函数导数 $f'(x) = 2x - 2$,令 $f'(x) = 0$,得驻点 $x = 1$.

当 $x > 1$ 时, $f'(x) > 0$,所以 $f(x) = x^2 - 2x - 4$ 在 $(1,+\infty)$ 上单调递增.

当 $x < 1$ 时, $f'(x) < 0$,所以 $f(x) = x^2 - 2x - 4$ 在 $(-\infty,1)$ 上单调递减.

即函数 $f(x) = x^2 - 2x - 4$ 的单调递增区间为 $(1,+\infty)$,单调递减区间为 $(-\infty,1)$.

例 3　求函数 $f(x) = 2x^3 - 9x^2 + 12x - 3$ 的单调区间.

解　(1) 函数的定义域为 $(-\infty,+\infty)$.

(2) $f'(x) = 6x^2 - 18x + 12 = 6(x-2)(x-1)$,

令 $f'(x) = 0$,得驻点 $x_1 = 1, x_2 = 2$.

(3) $x_1 = 1, x_2 = 2$ 把定义域分成三部分,如表 4-1 所示.

表 4-1

x	$(-\infty,1)$	1	$(1,2)$	2	$(2,+\infty)$
$f'(x)$	+	0	−	0	+
$f(x)$	↗	2	↘	1	↗

由表 4-1 知,函数 $f(x)$ 在 $(-\infty,1]$ 和 $[2,+\infty)$ 上单调递增,在 $[1,2]$ 上单调递减.

例 4　求函数 $f(x) = x^{\frac{2}{3}}$ 的单调区间.

解　函数的定义域为 $(-\infty,+\infty)$, $f'(x) = \dfrac{2}{3}x^{\frac{-1}{3}}$,此函数无驻点,但当 $x =$

0 时,函数的导数不存在.

当 $x>0$ 时,$f'(x)>0$,所以 $f(x)=x^{\frac{2}{3}}$ 在 $[0,+\infty)$ 上单调递增;

当 $x<0$ 时,$f'(x)<0$,所以 $f(x)=x^{\frac{2}{3}}$ 在 $(-\infty,0]$ 上单调递减.

由以上两例可以看出,函数的驻点以及不可导的点可能成为函数单调区间的分界点,分界点把函数 $y=f(x)$ 的定义域分成若干小区间,分别判定 $f'(x)$ 在这些小区间上的符号,可以确定函数的单调区间. 求函数 $y=f(x)$ 单调区间的步骤如下:

第一步　确定函数 $y=f(x)$ 的定义域;

第二步　求 $f'(x)$,并求出函数 $f(x)$ 在定义域内的驻点以及不可导点;

第三步　用驻点和不可导点将定义域分成若干小区间,列表分析;

第四步　写出函数 $y=f(x)$ 的单调区间.

例 5　求函数 $y=1+\frac{3}{2}(x-1)^{\frac{2}{3}}$ 的单调区间.

解　函数的定义域为 $(-\infty,+\infty)$.

$$y'=(x-1)^{-\frac{1}{3}},$$

无驻点,但存在导数不存在的点 $x=1$.

当 $x>1$ 时,$f'(x)>0$,所以 $f(x)$ 在 $[1,+\infty)$ 上单调递增;

当 $x<1$ 时,$f'(x)<0$,所以 $f(x)$ 在 $(-\infty,1]$ 上单调递减.

4.5.2　曲线的凹凸性与拐点

以上我们知道,由一阶导数的符号可以确定函数的单调区间,反映了曲线在该区间内是上升或下降的,但图 4-9 中有两条曲线弧,虽然它们都是上升的,但图形却有显著不同,$\overset{\frown}{ACB}$ 是向下凸的曲线弧,而 $\overset{\frown}{ADB}$ 是向下凹的曲线弧,它们的凹凸性不同.

在图 4-10 中,在曲线弧 $\overset{\frown}{AB}$ 上每一点作切线,这些切线都在曲线弧的下方;而在 $\overset{\frown}{BC}$ 上每一点作切线,这些切线都在它的上方. 由此给出以下定义:

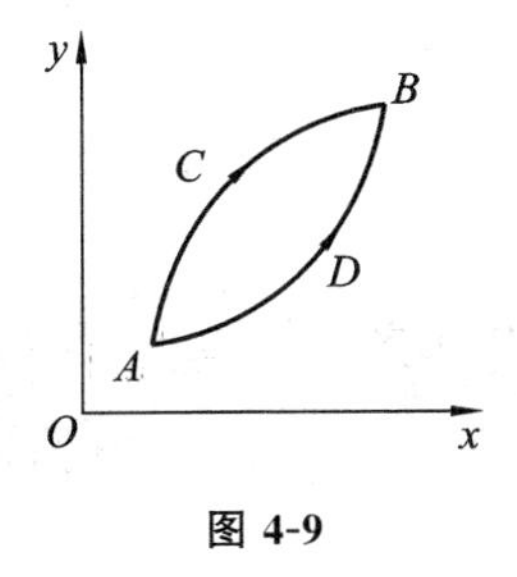

图 4-9

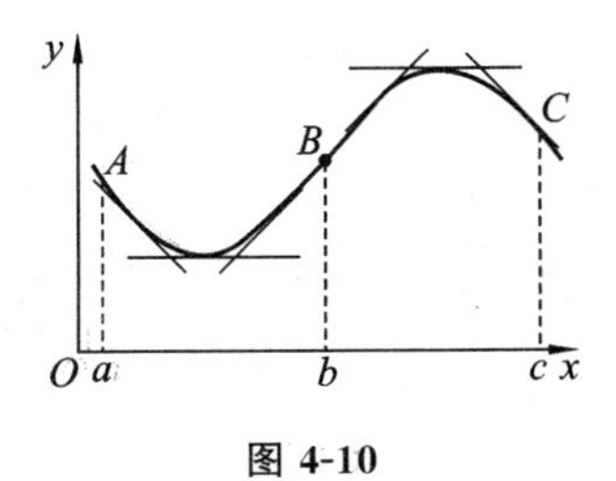

图 4-10

定义 1 在开区间 (a,b) 内,如果曲线上每一点处的切线都在它的下方,则称曲线在(a,b) 内是**凹的**;如果曲线上每一点处的切线都在它的上方,则称曲线在(a,b) 内是**凸的**.

如何判定曲线的凹凸性呢?

由图 4-10 还可以看出,当曲线是凹的,则切线的斜率随着 x 的增大而增大,即 $f'(x)$是单调递增的.当曲线是凸的,切线的斜率随着 x 的增大而减小,即 $f'(x)$是单调递减的,而函数 $f'(x)$的单调性可用 $f''(x)$的符号来判别.这样,我们得到曲线凹凸性的判定方法.

定理 2 设函数 $f(x)$在闭区间 $[a,b]$上连续,且在开区间(a,b) 内具有二阶导数,对于任意的 $x\in(a,b)$,有:

(1) $f''(x)>0$,则曲线 $f(x)$在闭区间 $[a,b]$上是凹的.

(2) $f''(x)<0$,则曲线 $f(x)$在闭区间 $[a,b]$上是凸的.

曲线凹凸区间的分界点叫曲线的**拐点**.

由定理 2 可知确定曲线的凹凸区间及拐点的步骤如下:

第一步 确定 $f(x)$的定义域;

第二步 求 $f'(x)$,$f''(x)$,解出 $f''(x)=0$ 的点和 $f''(x)$不存在的点;

第三步 这些点将定义域分成若干小区间,列表判定在这些小区间内 $f''(x)$的符号;

第四步 写出函数 $y=f(x)$ 的凹凸区间及拐点.

例 6 确定曲线 $y=x^3-6x^2+9x-3$ 的凹凸性和拐点.

解 $f'(x)=3x^2-12x+9$,$f''(x)=6x-12=6(x-2)$,由 $f''(x)=0$,得 $x=2$.

列表 4-2,讨论如下:

表 4-2

x	$(-\infty,2)$	2	$(2,+\infty)$
$f''(x)$	$-$	0	$+$
$f(x)$	⌢	拐点$(2,-1)$	⌣

表中“⌣”和“⌢”分别表示曲线是“凹”和“凸”的,由表 4-2 知,所给曲线在$(-\infty,2)$ 内是凸的,在$(2,+\infty)$ 内是凹的,曲线的拐点为$(2,-1)$.

例 7 确定曲线 $y=1+(x-1)^{\frac{1}{3}}$ 的凹凸性和拐点.

解 $f'(x)=\frac{1}{3}(x-1)^{\frac{-2}{3}}$,$f''(x)=-\frac{2}{9}\frac{1}{(x-1)^{5/3}}$,当 $x=1$ 时,$f''(x)$不存在.

列表 4-3,讨论如下：

表 4-3

x	$(-\infty,1)$	1	$(1,+\infty)$
$f''(x)$	+	不存在	−
$f(x)$	⌣	拐点(1,1)	⌢

由表 4-3 可知,所给曲线在$(-\infty,1)$内是凹的,在$(1,+\infty)$内是凸的,曲线的拐点为(1,1).

4.5.3　函数的极值与最值

1. 函数的极值

函数的极值不仅是函数性态的重要特征,而且在实际问题中有着广泛的应用.下面我们以导数为工具讨论函数的极值.

定义 2　设函数 $y=f(x)$ 在点 x_0 的某邻域 $U(x_0)$ 内有定义,如果对去心邻域 $\mathring{U}(x_0)$ 内的任一 x,有 $f(x)<f(x_0)$(或 $f(x)>f(x_0)$),那么就称 $f(x_0)$ 是函数 $f(x)$ 的一个**极大值**(或**极小值**).

函数的极大值与极小值统称为函数的**极值**,使函数取得极值的点称为函数的**极值点**.

注　(1) 极值是指函数值,而极值点是指自变量的值.

(2) 极值与函数在整个区间上的最大值、最小值不同,前者是局部性的,而后者是整体性的,因此,对于同一函数来说,其极小值可能大于极大值.如图 4-11 所示,极小值 $f(x_6)$ 大于极大值 $f(x_2)$.

以下研究函数极值的判定及求法.

由图 4-11 可以看到,在极值点处,曲线都有水平切线,于是我们可以得到如下定理.

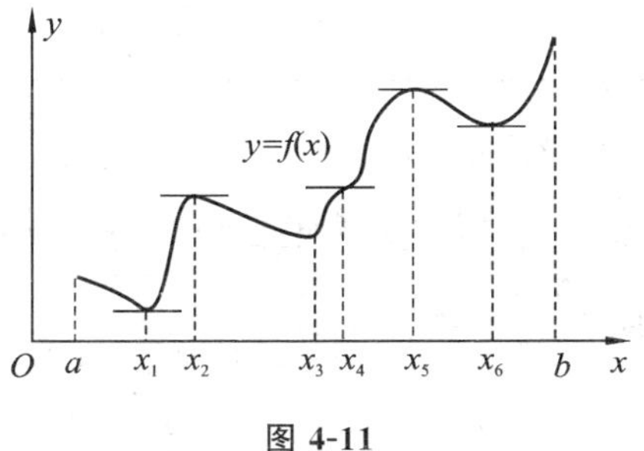

图 4-11

定理 3 若函数 $f(x)$ 在点 x_0 处可导,且在 x_0 处取得极值,那么必有 $f'(x_0)=0$.

由定理 3 知:可导函数 $f(x)$ 的极值点必定是它的驻点;反之,函数的驻点却不一定是函数的极值点.例如,$f(x)=x^3$ 的导数 $f'(x)=3x^2$,$f'(0)=0$,所以 $x=0$ 是这可导函数的驻点,却并不是它的极值点.

此外,函数的导数不存在的点也可能是函数的极值点,例如,函数 $f(x)=|x|$ 在点 $x=0$ 处不可导,但函数在该点取得极小值.

归纳以上的讨论,极值点应该在驻点和导数不存在的点中去寻找.

如果在驻点 x_0 的两侧,函数 $f(x)$ 具有相异的单调性,则 x_0 一定是极值点,即

若在 x_0 的左侧函数单调递增,也就是说 $f'(x)>0$,在 x_0 的右侧函数单调递减,也就是说 $f'(x)<0$,则函数 $f(x)$ 在 x_0 处取得极大值.

反之,若在 x_0 的左侧函数单调递减,也就是说 $f'(x)<0$,在 x_0 的右侧函数单调递增,也就是说 $f'(x)>0$,则函数 $f(x)$ 在 x_0 处取得极小值.

于是,我们可以得到判定极值的充分条件:

定理 4 设函数 $f(x)$ 在 x_0 处连续且在 x_0 的某一去心邻域内可导,则

(1) 若当 $x<x_0$ 时,$f'(x)>0$,当 $x>x_0$ 时,$f'(x)<0$,那么函数 $f(x)$ 在 x_0 处取得极大值.

(2) 若当 $x<x_0$ 时,$f'(x)<0$,当 $x>x_0$ 时,$f'(x)>0$,那么函数 $f(x)$ 在 x_0 处取得极小值.

例 8 求函数 $f(x)=x-\ln(1+x)$ 的极值.

解 函数的定义域为$(-1,+\infty)$.

$$f'(x)=1-\frac{1}{1+x}=\frac{x}{1+x},$$

令 $f'(x)=0$,求得驻点 $x=0$;在定义域内没有使 $f'(x)$ 不存在的点.

列表 4-4,讨论如下:

表 4-4

x	$(-1,0)$	0	$(0,+\infty)$
$f'(x)$	$-$	0	$+$
$f(x)$	↘	取极小值	↗

所以,在 $x=0$ 处,$f(x)$ 有极小值 $f(0)=0$.

例 9 求函数 $y=x-\frac{3}{2}(x-1)^{\frac{2}{3}}$ 的极值.

解 函数的定义域为$(-\infty,+\infty)$.

$$y'=1-(x-1)^{-\frac{1}{3}}=\frac{\sqrt[3]{x-1}-1}{\sqrt[3]{x-1}},$$

令 $f'(x)=0$,求得驻点 $x=2$,且存在导数不存在的点 $x=1$.

列表 4-5，讨论如下：

表 4-5

x	$(-\infty,1)$	1	$(1,2)$	2	$(2,+\infty)$
$f'(x)$	+	不存在	−	0	+
$f(x)$	↗	取极大值	↘	取极小值	↗

所以，在 $x=1$ 处，$f(x)$ 有极大值 $f(1)=1$；在 $x=2$ 处，$f(x)$ 有极小值 $f(2)=\frac{1}{2}$.

综上所述，求函数 $f(x)$ 极值的步骤如下：

第一步　确定 $f(x)$ 的定义域；

第二步　求 $f'(x)$，令 $f'(x)=0$，求驻点，并求使 $f'(x)$ 不存在的点；

第三步　这些点将定义域分成若干小区间，列表分别讨论各区间 $f'(x)$ 的符号，从而确定函数的单调区间与极值；

第四步　写出结论.

2. 最大值与最小值

如果函数 $f(x)$ 在闭区间 $[a,b]$ 上连续，则在 $[a,b]$ 上必取得最大值和最小值. 显然，函数在闭区间 $[a,b]$ 上的最大值和最小值仅可能在区间内的极值点或区间端点处取得. 因此，可直接算出一切可能的极值点(包括驻点及导数不存在的点)和端点处的函数值，比较这些数值的大小，即可求出函数的最大值与最小值.

例 10　求函数 $f(x)=(x^2-1)^3+1$ 在 $[-2,1]$ 上的最大值与最小值.

解　由
$$f'(x)=6x(x^2-1)^2,$$
令 $f'(x)=0$，求得在 $(-2,1)$ 内的驻点为 $x=-1,0$，驻点处的函数值为
$$f(-1)=1,\quad f(0)=0,$$
区间端点处的函数值为 $f(-2)=28$，$f(1)=1$. 比较后得到所给函数在 $[-2,1]$ 上的最大值为 28，最小值为 0.

实际问题中，若函数 $f(x)$ 在定义区间内部只有一个驻点 x_0，而最值又存在，则可根据实际意义直接判定 $f(x_0)$ 是所求的最值.

例 11　用边长为 60 cm 的正方形铁皮做一个无盖水箱，先在四角分别截去一个小正方形，然后把四边翻转90°角，再焊接而成(见图 4-12). 问水箱底边的长取多少时，水箱容积最大，最大容积是多少？

解　设水箱底边长为 x(单位：cm)，则水箱高 $h=\frac{60-x}{2}$.

水箱的体积为
$$V=x^2h=\frac{60x^2-x^3}{2}\quad(0<x<60),$$
令
$$V'(x)=60x-\frac{3}{2}x^2=0,$$

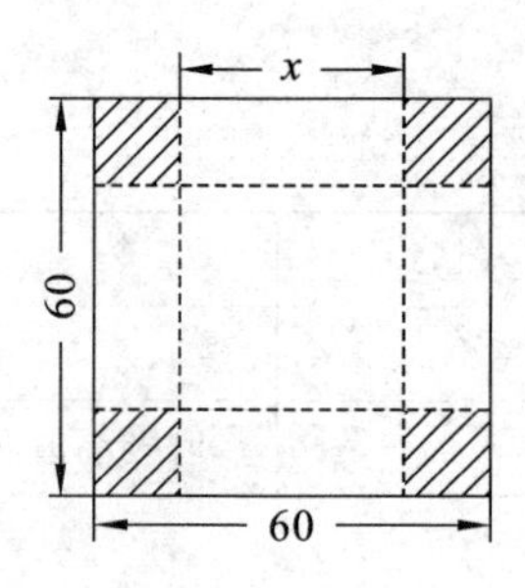

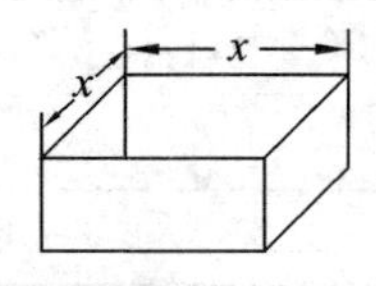

图 4-12

解得：$x_1 = 0$(不合题意，舍去)，$x_2 = 40$.

当 x 在(0,60)内变化时，导数 $V'(x)$ 的情况如表 4-6 所示.

表 4-6

x	(0,40)	40	(40,60)
$V'(x)$	+	0	−

因此在 $x = 40$ 处，函数 $V(x)$ 取得极大值，并且这个极大值就是函数 $V(x)$ 的最大值.

将 $x = 40$ 代入 $V(x)$，得最大容积

$$V = 40^2 \times \frac{60-40}{2}\ \text{cm}^3 = 16\ 000\ \text{cm}^3,$$

水箱底边长取 40 cm 时，容积最大，最大容积为 16 000 cm^3.

例 12 已知某商品生产成本 C 与产量 q 的函数关系式为 $C = 100 + 4q$，价格 p 与产量 q 的函数关系式为 $p = 25 - \frac{1}{8}q$. 求产量 q 为何值时利润 L 最大.

分析：利润 L 等于收益 R 减去成本 C，而收益 R 等于产量乘以价格. 由此可得出利润 L 与产量 q 的函数关系式，再用导数求最大利润.

解 收益
$$R = qp = q\left(25 - \frac{1}{8}q\right) = 25q - \frac{1}{8}q^2,$$

利润
$$L = R - C = \left(25q - \frac{1}{8}q^2\right) - (100 + 4q)$$
$$= -\frac{1}{8}q^2 + 21q - 100 \quad (0 < q < 200),$$
$$L' = -\frac{1}{4}q + 21,$$

令 $L' = 0$，即 $-\frac{1}{4}q + 21 = 0$，解得 $q = 84$.

当 $q < 84$ 时，$L' > 0$，当 $q > 84$ 时，$L' < 0$. 因此，在 $q = 84$ 处，L 取得极大值，并且

这个极大值就是 L 的最大值.

产量 q 为 84 时利润 L 最大.

习　题　4.5

1. 若在区间 (a,b) 内每一点都有 $f'(x)>0$，则函数 $y=f(x)$ 在区间 (a,b) 内单调________.

2. 若函数 $y=f(x)$ 在区间 (a,b) 内可导，且为单调递减函数，则 $f'(x)$ ________.

3. 求下列函数的单调区间.

(1) $y=x^2-2x-3$.　　(2) $y=3x-x^3$.

(3) $y=xe^x$.　　(4) $y=\dfrac{x}{1+x^2}$.

4. 确定下列曲线的凹凸性和拐点.

(1) $y=x^3$.　　(2) $y=ax^2+bx+c\,(a\neq 0)$.

(3) $y=\ln x$.　　(4) $y=\sin x\,(x\in[0,2\pi])$.

5. 求下列函数的极值.

(1) $y=2x^3-3x^2-12x+21$.　　(2) $y=x-\ln(1+x)$.

(3) $y=\dfrac{x}{x^2+1}$.　　(4) $y=e^x+e^{-x}$.

6. 求下列函数在给定区间上的最大值和最小值.

(1) $y=2x^3-3x^2,\ -1\leqslant x\leqslant 2$;

(2) $y=x^4-8x^2+2,\ -1\leqslant x\leqslant 3$.

7. 设两正数之和为定值，何时其积最大？

8. 甲船位于乙船东 75 km 处，以每小时 12 km 的速度向西行驶，而乙船则以每小时 6 km 的速度向北行驶，问经过多长时间两船相距最近？

9. 有一块长方形铁皮，长 8 cm、宽 5 cm，在每个角剪去同样大小的正方形后，折成一个无盖的盒子，问剪去正方形的边长为多大时，盒子的容积最大？

*10. 已知体积一定的封闭容器，上半部为半球形，下半部为圆柱形，问：半球形的半径与圆柱形的高取何比例时，制作该容器用料最省？

*11. a,b 为何值时，点 $(-1,4)$ 为曲线 $y=ax^3+bx^2$ 的拐点？

4.6　洛必达法则

4.6.1　$\dfrac{0}{0}$ 型和 $\dfrac{\infty}{\infty}$ 型未定式

如果当 $x\to x_0$（或 $x\to\infty$）时，函数 $f(x)$，$g(x)$ 都趋近于零，或者都趋近于无

穷大,则极限$\lim\limits_{x \to x_0} \dfrac{f(x)}{g(x)}\left(\text{或}\lim\limits_{x \to \infty} \dfrac{f(x)}{g(x)}\right)$可能存在,也可能不存在,我们把这两类极限分别称为$\dfrac{0}{0}$型或$\dfrac{\infty}{\infty}$型**未定式**.

显然,未定式不能直接用极限的四则运算法则求极限.

本节将介绍一种利用导数求未定式极限的简单方法,即洛必达(L'Hospital)法则.

定理1　如果函数$f(x)$与$g(x)$满足以下条件:

(1) 在点x_0的某一去心邻域内可导,且$g'(x) \neq 0$,

(2) 极限$\lim\limits_{x \to x_0} \dfrac{f(x)}{g(x)}$是$\dfrac{0}{0}$型或$\dfrac{\infty}{\infty}$型,

(3) $\lim\limits_{x \to x_0} \dfrac{f'(x)}{g'(x)} = A$($A$可为$\infty$),

则
$$\lim_{x \to x_0} \frac{f(x)}{g(x)} = \lim_{x \to x_0} \frac{f'(x)}{g'(x)} = A.$$

定理1中,极限过程$x \to x_0$换成$x \to x_0+0$,$x \to x_0-0$以及$x \to \infty$或$x \to +\infty$,$x \to -\infty$等,结论同样成立.

例1　求下列极限.

(1) $\lim\limits_{x \to 0} \dfrac{e^x-1}{x}$.　(2) $\lim\limits_{x \to 0} \dfrac{(1+x)^3-1}{x}$.　(3) $\lim\limits_{x \to 0} \dfrac{\sin 5x}{2x}$.

解　(1) $\lim\limits_{x \to 0} \dfrac{e^x-1}{x} = \lim\limits_{x \to 0} \dfrac{(e^x-1)'}{x'} = \lim\limits_{x \to 0} \dfrac{e^x}{1} = 1$.

(2) $\lim\limits_{x \to 0} \dfrac{(1+x)^3-1}{x} = \lim\limits_{x \to 0} \dfrac{[(1+x)^3-1]'}{x'} = \lim\limits_{x \to 0} \dfrac{3(1+x)^2}{1} = 3$.

(3) $\lim\limits_{x \to 0} \dfrac{\sin 5x}{2x} = \lim\limits_{x \to 0} \dfrac{(\sin 5x)'}{(2x)'} = \lim\limits_{x \to 0} \dfrac{5\cos 5x}{2} = \dfrac{5}{2}$.

例2　求下列极限.

(1) $\lim\limits_{x \to +\infty} \dfrac{x}{e^x}$.　(2) $\lim\limits_{x \to +\infty} \dfrac{2x}{\ln x}$.

解　(1) $\lim\limits_{x \to +\infty} \dfrac{x}{e^x} = \lim\limits_{x \to +\infty} \dfrac{x'}{(e^x)'} = \lim\limits_{x \to +\infty} \dfrac{1}{e^x} = 0$.

(2) $\lim\limits_{x \to +\infty} \dfrac{(2x)'}{(\ln x)'} = \lim\limits_{x \to +\infty} \dfrac{2}{\dfrac{1}{x}} = \lim\limits_{x \to +\infty} 2x = +\infty$.

注　在用洛必达法则求极限的过程中,如果使用一次洛必达法则后仍是$\dfrac{0}{0}$型或$\dfrac{\infty}{\infty}$型,且仍然满足定理1的条件,则可以继续使用洛必达法则,直到求出极限值.

例 3　求极限：

(1) $\lim\limits_{x\to 0}\dfrac{e^x-e^{-x}-x}{x-\sin x}$；　(2) $\lim\limits_{x\to +\infty}\dfrac{x^3}{e^x}$.

解　(1) $\lim\limits_{x\to 0}\dfrac{e^x-e^{-x}-x}{x-\sin x}=\lim\limits_{x\to 0}\dfrac{e^x+e^{-x}-1}{1-\cos x}$

$$=\lim_{x\to 0}\frac{e^x-e^{-x}}{\sin x}=\lim_{x\to 0}\frac{e^x+e^{-x}}{\cos x}=2.$$

注　上式中的$\lim\limits_{x\to 0}\dfrac{e^x+e^{-x}}{\cos x}$已不是未定式，不能对其用洛必达法则，否则会导致错误的结果.

(2) $\lim\limits_{x\to +\infty}\dfrac{x^3}{e^x}=\lim\limits_{x\to +\infty}\dfrac{(x^3)'}{(e^x)'}=\lim\limits_{x\to +\infty}\dfrac{3x^2}{e^x}=\lim\limits_{x\to +\infty}\dfrac{(3x^2)'}{(e^x)'}$

$$=\lim_{x\to +\infty}\frac{6x}{e^x}=\lim_{x\to +\infty}\frac{(6x)'}{(e^x)'}=\lim_{x\to +\infty}\frac{6}{e^x}=0.$$

*4.6.2　其他类型的未定式

1. $0\cdot\infty$ 型未定式

例 4　求极限$\lim\limits_{x\to 0^+}x\ln x$.

解　这是$0\cdot\infty$型未定式，由于$x\ln x=\dfrac{\ln x}{1/x}$，当$x\to 0^+$时，它就转化为$\dfrac{\infty}{\infty}$型未定式，应用洛必达法则，即可得

$$\lim_{x\to 0^+}x\ln x=\lim_{x\to 0^+}\frac{\ln x}{1/x}=\lim_{x\to 0^+}\frac{1/x}{-1/x^2}=\lim_{x\to 0^+}(-x)=0.$$

2. $\infty-\infty$ 型未定式

例 5　求$\lim\limits_{x\to \frac{\pi}{2}}(\sec x-\tan x)$.

解　这是$\infty-\infty$型未定式，将$\sec x-\tan x$改写成$\dfrac{1-\sin x}{\cos x}$，就转化成$\dfrac{0}{0}$型未定式.应用洛必达法则，得

$$\lim_{x\to \frac{\pi}{2}}(\sec x-\tan x)=\lim_{x\to \frac{\pi}{2}}\frac{1-\sin x}{\cos x}=\lim_{x\to \frac{\pi}{2}}\frac{-\cos x}{-\sin x}=0.$$

一般地，$\infty-\infty$型未定式可通过通分等方法转化成$\dfrac{0}{0}$型未定式或$\dfrac{\infty}{\infty}$型未定式.

极限的未定式类型还有0^0型，∞^0型，1^∞型，解法可参考其他教材.

习　题　4.6

用洛必达法则求下列极限.

(1) $\lim\limits_{x\to1}\dfrac{x^3-1}{x-1}$;　(2) $\lim\limits_{x\to0}\dfrac{5x}{\sin3x}$;　(3) $\lim\limits_{x\to0}\dfrac{x^2}{1-\cos x}$;

(4) $\lim\limits_{x\to0}\dfrac{e^x-e^{-x}}{\sin x}$;　(5) $\lim\limits_{x\to\pi}\dfrac{1+\cos x}{\sin x}$;　(6) $\lim\limits_{x\to\infty}\dfrac{2x^2+3x-1}{3x^2-x+1}$;

(7) $\lim\limits_{x\to+\infty}\dfrac{\ln x}{\sqrt{x}}$;　(8) $\lim\limits_{x\to+\infty}\dfrac{e^x}{x^2}$;　*(9) $\lim\limits_{x\to0}x^2e^{\frac{1}{x^2}}$;

*(10) $\lim\limits_{x\to1}(1-x)\tan\dfrac{\pi}{2}x$;　*(11) $\lim\limits_{x\to1}\left(\dfrac{1}{x-1}-\dfrac{2}{x^2-1}\right)$;

*(12) $\lim\limits_{x\to0}\left(\dfrac{1}{x}-\dfrac{1}{e^x-1}\right)$.

*4.7　导数在经济学中的应用

在研究经济函数时,经常用边际这个概念来说明一个经济变量与其函数的变化关系.若经济函数 $y=f(x)$ 可导,则称导数 $f'(x)$ 为 $f(x)$ 的**边际函数**.

在经济活动中,其最基本单位为一个单位,即 $\Delta x=1$.所以,边际函数

$$f'(x)=\lim_{\Delta x\to0}\frac{f(x+\Delta x)-f(x)}{\Delta x}\approx f(x+1)-f(x).$$

边际函数的经济含义是:从 x 改变一个单位 Δx 时,y 相应的改变量为 Δy,当 Δx 相对 x 来说很小时($\Delta x=-1$ 亦可),即 $f(x)$ 在 x 改变一个单位时,y 近似改变 $f'(x)$ 个单位.

例如,函数 $y=x^2$,$y'=2x$,在点 $x=10$ 处的边际函数值 $y'(10)=20$,它表示当 $x=10$ 时,改变一个单位,y 近似改变 20 个单位.

1. 边际成本

总成本 C 是指生产一定数量的产品所需费用总额.一般由固定成本 C_0 与可变成本 $C_1(x)$ 两部分组成,即 $C=C(x)=C_0+C_1(x)$.

平均成本 $\overline{C}$ 是指总成本下生产单位产品的成本,$\overline{C}=\dfrac{C(x)}{x}$.

边际成本　$$C'(x)=\lim_{\Delta x\to0}\frac{C(x+\Delta x)-C(x)}{\Delta x}.$$

由于最基本单位为一个单位 $\Delta x=1$,边际成本可理解为当产量为 x 时,再生产一个单位产品($\Delta x=1$)时所增加的总成本.

所以,$C'(x)\approx C(x+1)-C(x)=\Delta C(x)$.

例 1　某公司每月生产某种设备在 400 台左右，其总成本 C 为产量 q 的函数，$C(q)=400+\frac{q^2}{200}+4\sqrt{q}$. 市场上每台设备的销售价格为 4 万元，你能否迅速决策(没有计算工具)：在现有生产 400 台的基础上，是增加产量还是减少产量？

解答 1：总成本是 $C(400)=1280$ 万元，而生产 400 台的平均成本为$\frac{C(400)}{400}=\frac{1280}{400}$ 万元 $=3.2$ 万元，而市场价与平均成本价差$(4-3.2)$ 万元 $=0.8$ 万元，为其毛利润. 多生产一台设备就增加 0.8 万元的毛利润，所以应增加产量.

解答 2：$C'(q)=\frac{q}{100}+\frac{2}{\sqrt{q}}$，所以 $C'(400)=4.1$ 万元(即边际成本)，也就是在生产 400 台设备的基础上再多生产一台设备大约要亏 0.1 万元. 所以，建议减少产量.

这两个解答对平均成本和总成本的表达十分清楚，不难回答应该减少产量.

例 2　生产某种商品 x 件时总成本(单位为万元)为

$$C(x)=20+2x+\frac{1}{5}x^2,$$

(1) 求 $x=5$ 时的总成本、平均成本及边际成本；

(2) 生产多少件这种商品时，平均成本最小?并求此时的最小平均成本和边际成本.

解　(1) 由 $C(x)=20+2x+\frac{1}{5}x^2$，$\overline{C}(x)=\frac{20}{x}+2+\frac{1}{5}x$，$C'(x)=2+\frac{2}{5}x$. 当 $x=5$ 时，总成本 $C(x)=35$ 万元，平均成本 $\overline{C}(x)=7$ 万元，边际成本 $C'(x)=4$ 万元.

(2) 平均成本函数 $\overline{C}(x)=\frac{20}{x}+2+\frac{1}{5}x$，

$$\overline{C}'(x)=-\frac{20}{x^2}+\frac{1}{5},\quad \overline{C}''(x)=\frac{40}{x^3},$$

令$\overline{C}'(x)=0$，得 $x=\pm 10$(-10 舍去).

又

$$\overline{C}''(10)>0,$$

所以当 $x=10$ 时平均成本最小.

$$\overline{C}(10)=\left(\frac{20}{10}+2+\frac{1}{5}\times 10\right)\text{万元}=6\text{ 万元},$$

$$C'(10)=\left(2+\frac{2}{5}\times 10\right)\text{万元}=6\text{ 万元}.$$

2. 边际收益

设 P 表示商品价格，x 表示商品数量，价格函数 $P=P(x)$，则：

总收益 R 是指出售一定数量的产品所得到的总收入，$R = R(x) = xP(x)$.

平均收益 $\overline{R}$ 是指出售一定数量的产品平均每售出单位产品所得到的收入，即单位产品的售价，$\overline{R} = \overline{R}(x) = \dfrac{R(x)}{x} = P(x)$.

边际收益 R' 是指总收益的变化率，$R' = R'(x)$.

例 3　设某种产品销售 x 单位的收益(单位为万元)为 $R(x) = 200x - x^2 - 400$，问销售多少该产品时，平均收益最大？并求最大平均收益和此时的边际收益.

解　$\overline{R}(x) = \dfrac{R(x)}{x} = 200 - x - \dfrac{400}{x}$，$\overline{R}'(x) = -1 + \dfrac{400}{x^2}$，$\overline{R}''(x) = -\dfrac{800}{x^3}$.

令 $\overline{R}'(x) = 0$，得 $x = \pm 20$(-20 舍去).

又 $\overline{R}''(20) < 0$，所以当 $x = 20$ 时平均收益最大.

最大平均收入为 $\overline{R}(10) = \left(200 - 20 - \dfrac{400}{20}\right)$ 万元 $= 160$ 万元，

又 $R'(x) = 200 - 2x$，$R'(10) = (200 - 2 \times 20)$ 万元 $= 160$ 万元.

3. 边际利润

设 x 表示商品销售数量，则：

总利润 L 就是总收益与总成本之差，$L = L(x) = R(x) - C(x)$.

边际利润 L' 就是总利润的变化率，$L' = L'(x) = R'(x) - C'(x)$.

例 4　设生产某种商品 x 件时总成本为 $C(x) = 20 + 2x + \dfrac{1}{2}x^2$，若每销售一件该商品的收益为 20 万元. 求：

(1) 总利润函数；

(2) 销售 15 件时的边际利润；

(3) 销售多少件产品时利润最高？

解　总收益 $R(x) = 20x$，有：

(1) $L(x) = 20x - (20 + 2x + \dfrac{1}{2}x^2) = 18x - 20 - \dfrac{1}{2}x^2$.

(2) $L'(x) = 18 - x$，$L''(x) = -1$. 当 $x = 15$ 时，边际利润 $L'(15) = 3$ 万元.

(3) 令 $L'(x) = 0$，得 $x = 18$，又 $L''(18) < 0$，而 $L(18) = (18 \times 18 - 20 - 9 \times 18)$ 万元 $= 142$ 万元，故销售 18 件产品时，利润最高，且为 142 万元.

习　题　4.7

1. 某厂生产 A 型产品的总成本函数为

$$C(x) = 9000 + 40x + 0.001x^2 \quad (x \text{ 为产量}),$$

该厂生产多少件产品时，平均成本最小？

2. 某厂月生产 x 件产品的总成本为

$$C(x) = x^2 + 2x + 100,$$

若每件的销售价为 40 万元：(1) 求总利润；(2) 月产量为多少件时利润最大？最大利润为多少？

3. 某商品的需求量 Q 与价格 P 之间的关系为 $Q = 8000 - 8P$. 求收益最多时商品的价格及销售量.

中国著名数学家 —— 华罗庚

当代中国最杰出的数学家当属华罗庚(1910.11.12—1985.6.12,见图 4-13). 他是蜚声中外的数学家,他的杰出不仅在于他在数学上的成就,还在于他不平凡的人生. 他是当代自学成才的典范和楷模,他有着对祖国和人民无限的热爱.

图 4-13

1910 年 11 月 12 日华罗庚出生于江苏金坛县(现为金坛市),他在初中学习期间,其数学才能就被老师王维克赏识,并受到尽心尽力的培养. 初中毕业后,华罗庚入上海中华职业学校就读,因家庭贫困,一年后离开了学校,从此他开始了顽强刻苦的自学,每天学习时间达 10 个小时以上. 他用 5 年时间学完了高中和大学低年级的全部数学课程. 1928 年,他不幸染上伤寒病,导致左腿残疾. 1929 年,他在金坛中学任庶务会计时,开始在上海《科学》杂志发表关于代数方程式解法的论文. 他的论文《苏家驹之代数的五次方程式解法不能成立之理由》轰动数学界,受到清华大学数学系主任熊庆来教授的重视. 经熊教授推荐,1931 年他到清华大学开始数论研究工作. 从 1931 年起,华罗庚在清华大学边工作边学习,仅用一年半时间就学完了数学系全部课程. 他自学了英、法、德等多种语言,在国外杂志上发表了三篇论文后,被破格任用为助教. 1936 年夏,被保送到英国剑桥大学进修,两年间发表了十多篇论文,引起国际数学界赞赏. 1938 年,访英回国后,受聘任昆明西南联大教授. 抗战时期的西南联大,条件极为艰苦,他白天教书,晚上孜孜不倦地从事数学研究. 在昆明郊外一间牛棚似的小阁楼里,在昏暗的菜油灯下写下了数学名著《堆垒素数论》.

1946 年 9 月,华罗庚应普林斯顿大学邀请去美国讲学,并于 1948 年被美国伊利诺依大学聘为终身教授. 1949 年,他毅然放弃优裕生活,携全家返回祖国. 1950 年回国后,先后任清华大学教授、中国科技大学数学系主任、副校长,中国科学院数学研究所所长、中国科学院应用数学研究所所长、中国科学院副院长等职. 他还是第一、二、三、四、五届全国人大常委会委员和政协第六届全国委员会副主席.

他是中国解析数论、典型群、矩阵几何学、自守函数论与多复变函数论等很多方面研究的创始人与开拓者. 他的著名学术论文《典型域上的多元复变函数论》,由于应用了前人没有用过的方法,在数学领域做了开拓性的工作,于 1957 年荣获我国科学一等奖.他一生留下了约两百篇学术论文和十部专著.由于他在科学研究上的卓越成就,先后被选为美国科学院外籍院士,第三世界科学院院士,法国南锡大学、美国伊利诺依大学、香港中文大学荣誉博士,联邦德国巴伐利亚科学院院士.他的名字已载入国际著名科学家的史册.他把数学方法创造性地应用于国民经济领域,筛选出了以改进生产工艺和提高质量为内容的"优选法"和以处理生产组织与管理问题为内容的"统筹法".

他是我国中学生开展数学竞赛的创始人和组织者,引导青少年从小热爱科学,进入数学研究领域.由于青年时代受到王维克、熊庆来等"伯乐"的知遇之恩,华罗庚对于人才的培养格外重视,培养了诸如陈景润、万哲先、王元、潘承洞、段学复等一批数学大师.他发现和培养陈景润的故事更是数学界的一段佳话.在他的关心下,陈景润被调到中科院数学研究所从事数论研究,在攻克哥德巴赫猜想上取得了举世瞩目的成就.

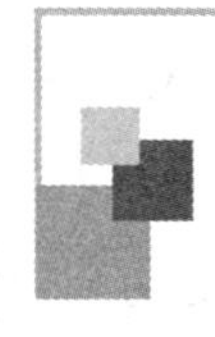

第五章　不定积分

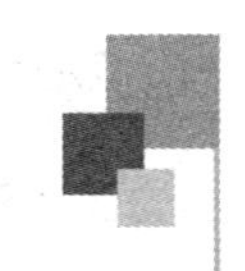

本章导读

高等数学研究的对象是函数，它是从实际问题中抽象而得到的一种数学模型．在不同的背景、不同的条件下，我们需要对其进行一些运算以达到解决一些实际问题的目的．例如若已知位移函数 $s(t)=t^2$，要求在某时刻 t 的速度，则需要对其求导，得到速度函数 $v(t)=\frac{\mathrm{d}s}{\mathrm{d}t}=2t$．反过来，若已知时刻 t 的速度函数 $v(t)=\frac{\mathrm{d}s}{\mathrm{d}t}=2t$，我们如何求对应的位移函数 $s(t)$ 呢？这就是不定积分的问题，是积分学的基本问题之一．

在一元函数微分学的基础上我们需要讨论相反的问题，这就是一元函数的积分学．不定积分是其中一部分．作为求导和微分运算的逆运算，其灵活性、难度都要大一些．因此，对导数和微分的概念、性质和公式要熟悉，并在此基础上熟练掌握不定积分的概念、性质和公式．

5.1　不定积分的概念与性质

5.1.1　原函数的概念

定义 1　如果在某一区间上，有 $F'(x)=f(x)$（或 $\mathrm{d}F(x)=f(x)\mathrm{d}x$），则称 $F(x)$ 为 $f(x)$ 在该区间上的一个**原函数**．

例如：因为 $(x^2)'=2x$，所以 x^2 是 $2x$ 的一个原函数．

$(x^2+1)'=2x$，所以 x^2+1 也是 $2x$ 的一个原函数；

$(x^2-\sqrt{3})'=2x$，所以 $x^2-\sqrt{3}$ 也是 $2x$ 的一个原函数．

由上述例子不难发现，原函数有两个性质：

性质 1　同一个函数的任意两个原函数之差为常数．

性质 2　若 $F(x)$ 是 $f(x)$ 的原函数，则 $F(x)+C$（C 为任意常数）是 $f(x)$ 的全体原函数．

思考：什么函数一定存在原函数？是不是任何一个函数都存在原函数？

5.1.2　不定积分的定义

定义 2　在某区间上，$f(x)$ 的全体原函数 $F(x)+C$，称为 $f(x)$ 在该区间上的

不定积分,记为

$$\int f(x)\mathrm{d}x = F(x) + C.$$

其中"$\int$"称为**积分号**,"$f(x)$"称为**被积函数**,"$f(x)\mathrm{d}x$"称为**被积表达式**,"x"称为**积分变量**,"C"称为**积分常数**.

例 1 求$\int x^2\mathrm{d}x$.

解 因为$\left(\frac{x^3}{3}\right)' = x^2$,所以$\int x^2\mathrm{d}x = \frac{x^3}{3} + C$.

例 2 求$\int \frac{1}{x}\mathrm{d}x$.

解 因为$(\ln|x|)' = \frac{1}{x}$,所以$\int \frac{1}{x}\mathrm{d}x = \ln|x| + C$.

求不定积分的运算称为**积分运算**,积分运算是微分运算的逆运算.它们之间有如下关系:

(1) $\left[\int f(x)\mathrm{d}x\right]' = f(x)$ 或 $\mathrm{d}\left[\int f(x)\mathrm{d}x\right] = f(x)\mathrm{d}x$.

(2) $\int F'(x)\mathrm{d}x = F(x) + C$ 或$\int \mathrm{d}F(x) = F(x) + C$.

这就是说,若先积后微,则两者作用抵消;反之,若先微后积,则抵消后相差一个常数.

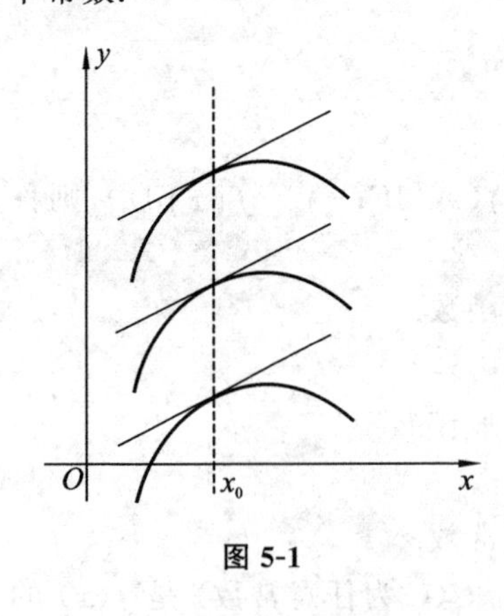

图 5-1

例如,$\left[\int \sin x\mathrm{d}x\right]' = \sin x$,$\int (\sin x)'\mathrm{d}x = \sin x + C$.

由定义知,不定积分所表示的不是一个函数,而是一个函数族:$y = F(x) + C$.从几何上看,如图5-1所示,不定积分的图形是一个曲线族,我们称之为$f(x)$的**积分曲线**.

积分曲线有两个显著的特征:

(1) 在相同的点x_0处,各条曲线的切线都是平行的,其斜率为$f(x_0)$.

(2) 两条曲线在y轴方向上的距离相等,即其中一条可以由另一条沿y轴方向平移而得.

例 3 求过点(1,1),且切线斜率等于$3x^2$的曲线.

解 设曲线为$y = F(x)$,则$F'(x) = 3x^2$,于是

$$F(x) = \int 3x^2\mathrm{d}x = x^3 + C,$$

因过点(1,1)，所以 $C=0$. 因此所求曲线为：$y=x^3$.

5.1.3　不定积分的基本公式

由不定积分的定义及导数的基本公式可以得到相应不定积分的**基本公式**，请同学们务必熟记. 因为许多不定积分的求解最终将归结为这些基本积分公式的运用.

(1) $\int k\mathrm{d}x = kx + C$($k$ 为任意常数).

(2) $\int x^{\mu}\mathrm{d}x = \dfrac{1}{\mu+1}x^{\mu+1} + C(\mu \neq 1)$.

(3) $\int \dfrac{1}{x}\mathrm{d}x = \ln|x| + C$.

(4) $\int \dfrac{1}{1+x^2}\mathrm{d}x = \arctan x + C$.

(5) $\int \dfrac{1}{\sqrt{1-x^2}}\mathrm{d}x = \arcsin x + C$.

(6) $\int a^x\mathrm{d}x = \dfrac{1}{\ln a}a^x + C$.

(7) $\int \mathrm{e}^x\mathrm{d}x = \mathrm{e}^x + C$.

(8) $\int \sin x\mathrm{d}x = -\cos x + C$.

(9) $\int \cos x\mathrm{d}x = \sin x + C$.

5.1.4　不定积分的性质

设函数 $f(x)$ 与 $g(x)$ 的原函数存在，由不定积分与导数的关系不难推出：

性质 1　$\int [f(x) \pm g(x)]\mathrm{d}x = \int f(x)\mathrm{d}x \pm \int g(x)\mathrm{d}x$.

上述性质可推广到有限个函数的代数和的情况.

性质 2　$\int kf(x)\mathrm{d}x = k\int f(x)\mathrm{d}x$($k$ 为不等于零的常数).

例 4　求不定积分 $\int x^5\mathrm{d}x$.

解　$\int x^5\mathrm{d}x = \dfrac{1}{6}x^6 + C$.

例 5　求 $\int \dfrac{1}{\sqrt[3]{x^2}}\mathrm{d}x$.

解　$\int \dfrac{1}{\sqrt[3]{x^2}}\mathrm{d}x = \int x^{-\frac{2}{3}}\mathrm{d}x = \dfrac{1}{-\dfrac{2}{3}+1}x^{-\frac{2}{3}+1} + C = 3x^{\frac{1}{3}} + C$.

例 6　求 $\int (2x^3 - \mathrm{e}^x + 3)\mathrm{d}x$.

解　$\int (2x^3 - \mathrm{e}^x + 3)\mathrm{d}x = \int 2x^3\mathrm{d}x - \int \mathrm{e}^x\mathrm{d}x + \int 3\mathrm{d}x$

$$= 2\int x^3\mathrm{d}x - \int \mathrm{e}^x\mathrm{d}x + \int 3\mathrm{d}x = \frac{1}{2}x^4 - \mathrm{e}^x + 3x + C.$$

注意:

(1) 逐项积分后,每个不定积分都含有任意常数,但只需写出一个任意常数.(为什么?)

(2) 检验积分结果是否正确,只需将结果求导,看其是否等于被积函数即可.

5.1.5　直接积分法

直接利用积分的基本公式和基本运算法则求出积分结果,或者将被积函数经过适当的恒等变形,再利用积分的基本公式和基本运算法则求出积分结果的积分方法就叫作**直接积分法**.

例 7　求 $\int \frac{\sqrt{x}+1}{x}\mathrm{d}x$.

解　原式 $=\int\left(\frac{1}{\sqrt{x}}+\frac{1}{x}\right)\mathrm{d}x=\int\left(x^{-\frac{1}{2}}+\frac{1}{x}\right)\mathrm{d}x=2x^{\frac{1}{2}}+\ln|x|+C$

$=2\sqrt{x}+\ln|x|+C.$

例 8　求 $\int \frac{x^2}{1+x^2}\mathrm{d}x$.

解　原式 $=\int \frac{(x^2+1)-1}{1+x^2}\mathrm{d}x$

$=\int\left(1-\frac{1}{1+x^2}\right)\mathrm{d}x$

$=\int \mathrm{d}x-\int \frac{1}{1+x^2}\mathrm{d}x$

$=x-\arctan x+C.$

习　题　5.1

1. 下列各式是否正确?为什么?

(1) $\int x^2\mathrm{d}x=\frac{1}{3}x^3+1$.　　(2) $\int x^2\mathrm{d}x=\frac{1}{3}x^3+C$($C$ 为任意常数).

(3) $\frac{\mathrm{d}}{\mathrm{d}x}\left[\int f(x)\mathrm{d}x\right]=f(x)$.　　(4) $\int f'(x)\mathrm{d}x=f(x)$.

(5) $\mathrm{d}\left[\int f(x)\mathrm{d}x\right]=f(x)$.

2. 求下列不定积分.

(1) $\int x^{99}\mathrm{d}x$.　　(2) $\int \frac{1}{x^3}\mathrm{d}x$.　　(3) $\int \sqrt{x}\mathrm{d}x$.

(4) $\int(1-3x^2)\mathrm{d}x$.　　(5) $\int\left(\sqrt[3]{x}-\frac{1}{\sqrt{x}}\right)\mathrm{d}x$.　　(6) $\int\left(\frac{x}{2}-\frac{1}{x}+\frac{3}{x^3}-\frac{4}{x^4}\right)\mathrm{d}x$.

(7) $\int (2^x + x^2)\mathrm{d}x$.　(8) $\int \dfrac{x-4}{\sqrt{x}+2}\mathrm{d}x$.　(9) $\int (4\mathrm{e}^x + 5\sin x)\mathrm{d}x$.

(10) $\int \dfrac{1}{x^2\sqrt{x}}\mathrm{d}x$.　(11) $\int \left(\dfrac{1-x}{x}\right)^2 \mathrm{d}x$.　(12) $\int \sqrt{x}(x-3)\mathrm{d}x$.

(13) $\int \dfrac{x^2}{5(1+x^2)}\mathrm{d}x$.

5.2　不定积分的换元积分法

能用直接积分法计算的不定积分是非常有限的,因而必须寻求其他的积分方法,如换元积分法.换元积分法通常有两类.

5.2.1　第一类换元积分法

我们先来看两个例子:

在$\int \cos u \mathrm{d}u = \sin u + C$中,令$u = 2x+1$,可得

$$\int \cos(2x+1)\mathrm{d}(2x+1) = \sin(2x+1) + C.$$

其中$\mathrm{d}(2x+1) = (2x+1)'\mathrm{d}x = 2\mathrm{d}x$,所以,

$$\int \cos(2x+1)2\mathrm{d}x = \int \cos(2x+1)\mathrm{d}(2x+1) = \sin(2x+1) + C.$$

同样,在$\int \mathrm{e}^u \mathrm{d}u = \mathrm{e}^u + C$中,令$u = x^2$,可得$\int \mathrm{e}^{x^2}\mathrm{d}(x^2) = \mathrm{e}^{x^2} + C$.

其中$\mathrm{d}(x^2) = (x^2)'\mathrm{d}x = 2x\mathrm{d}x$,所以

$$\int \mathrm{e}^{x^2} 2x\mathrm{d}x = \int \mathrm{e}^{x^2}\mathrm{d}(x^2) = \mathrm{e}^{x^2} + C.$$

从上面两个例子,我们发现:

若$\int f(u)\mathrm{d}u = F(u) + C$,则

$$\int f[\varphi(x)]\varphi'(x)\mathrm{d}x = \int f[\varphi(x)]\mathrm{d}\varphi(x)$$

$$\xlongequal{u=\varphi(x)} \int f(u)\mathrm{d}u = F(u) + C \xlongequal{u=\varphi(x)} F[\varphi(x)] + C.$$

这就是所谓的第一类换元积分法,又称**凑微分法**.

例 1　求下列不定积分:

(1) $\int \cos(4x)\mathrm{d}x$;　(2) $\int \mathrm{e}^{(1-3x)}\mathrm{d}x$;　(3) $\int (1+x)^3\mathrm{d}x$;　(4) $\int \dfrac{1}{5x-10}\mathrm{d}x$.

解 (1) $\int \cos(4x)\mathrm{d}x = \frac{1}{4}\int \cos(4x)\mathrm{d}(4x)$

$$\xlongequal{u=\varphi(x)} \frac{1}{4}\int \cos u \mathrm{d}u$$

$$= \frac{1}{4}\sin u + C \xlongequal{\text{变量还原}} \frac{1}{4}\sin 4x + C;$$

(2) $\int \mathrm{e}^{(1-3x)}\mathrm{d}x = -\frac{1}{3}\int \mathrm{e}^{(1-3x)}\mathrm{d}(1-3x) = -\frac{1}{3}\mathrm{e}^{(1-3x)} + C$;

(3) $\int (1+x)^3\mathrm{d}x = \int (1+x)^3\mathrm{d}(1+x)$

$$= \frac{1}{4}(1+x)^4 + C;$$

(4) $\int \frac{1}{5x-10}\mathrm{d}x = \frac{1}{5}\int \frac{1}{5x-10}\mathrm{d}(5x-10) = \frac{1}{5}\ln|5x-10| + C.$

对于复合函数的积分,正确选择中间变量 u,存在基本积分公式且积分表达式中其余部分能凑成中间变量 u 的微分 $\mathrm{d}u$.

例 2 求 $\int \frac{1}{x}\cos(\ln x)\mathrm{d}x$.

解 $\int \frac{1}{x}\cos(\ln x)\mathrm{d}x = \int \cos(\ln x)\mathrm{d}(\ln x) \xlongequal{\text{令 } u=\ln x} \int \cos u \mathrm{d}u$

$$= \sin u + C \xlongequal{\text{变量还原}} \sin(\ln x) + C.$$

例 3 求 $\int \frac{1}{x^2}\mathrm{e}^{\frac{1}{x}}\mathrm{d}x$.

解 $\int \frac{1}{x^2}\mathrm{e}^{\frac{1}{x}}\mathrm{d}x = -\int \mathrm{e}^{\frac{1}{x}}\mathrm{d}\,\frac{1}{x} = -\mathrm{e}^{\frac{1}{x}} + C.$

这样的例子很多,在熟练掌握微分的基础上“凑微分”是不太难的.下面的例子同学们自己“凑一凑”.

求积分:

(1) $\int x\mathrm{e}^{x^2}\mathrm{d}x$.　　(2) $\int \frac{1}{x^2}\cos\frac{1}{x}\mathrm{d}x$.

(3) $\int \mathrm{e}^{\sin x}\cos x\mathrm{d}x$.　　(4) $\int \frac{1}{x\ln x}\mathrm{d}x$.

有时需要一点小技巧,如添项减项、配方等代数恒等变形或三角恒等变形等.

例 4 求 $\int \frac{x}{1+x}\mathrm{d}x$.

解 $\int \frac{x}{1+x}\mathrm{d}x = \int \frac{1+x-1}{1+x}\mathrm{d}x = \int\left(1-\frac{1}{1+x}\right)\mathrm{d}x$

$$= \int \mathrm{d}x - \int \frac{1}{1+x}\mathrm{d}(1+x) = x - \ln|1+x| + C.$$

例 5　求$\int \sin x\cos x\mathrm{d}x$.

解　**方法 1**　$\int \sin x\cos x\mathrm{d}x = \int \sin x\mathrm{d}(\sin x)$

$$= \frac{1}{2}\sin^2 x + C.$$

方法 2　$\int \sin x\cos x\mathrm{d}x = -\int \cos x\mathrm{d}(\cos x)$

$$= -\frac{1}{2}\cos^2 x + C.$$

方法 3　$\int \sin x\cos x\mathrm{d}x = \frac{1}{4}\int \sin 2x\mathrm{d}(2x)$

$$= -\frac{1}{4}\cos 2x + C.$$

本题说明，积分方法不同，其积分结果的形式也可能不同，但它们是恒等的. 可用三角函数与反三角函数的公式来证明.

思考：已知$\int f(x)\mathrm{d}x = F(x) + C$，则$\int f(3x)\mathrm{d}x =$ ________.

*5.2.2　第二类换元积分法

在第一类换元积分法中，用新积分变量 u 代替被积函数中的可微函数，从而使$\int f[\varphi(x)]\varphi'(x)\mathrm{d}x$ 化成容易计算的积分$\int f(u)\mathrm{d}u$. 同时，我们也常常遇到与此相反的情形，即计算$\int f(x)\mathrm{d}x$ 不易求出，引入新的积分变量 t，使 $x = \varphi(t)$ 单调且可导，并有 $\varphi'(x) \neq 0$，把原积分化成容易计算的形式，即

$$\int f(x)\mathrm{d}x \xlongequal{x = \varphi(t)} \int f[\varphi(t)]\mathrm{d}\varphi(t) = \int f[\varphi(t)]\varphi'(t)\mathrm{d}t$$

$$= F(t) + C \xlongequal{t = \varphi^{-1}(x)} F[\varphi^{-1}(x)] + C.$$

我们把这种积分法称为**第二类换元积分法**.

这里我们主要介绍被积函数中含一般根式的不定积分. 其中一种思想方法是：令根式整体为中间变量，以达到去掉根式的目的.

例 6　求$\int \frac{x}{\sqrt{x-2}}\mathrm{d}x$.

解　主要问题是去掉根式 $\sqrt{x-2}$.

令 $\sqrt{x-2} = t$，即有 $x = t^2 + 2$，$\mathrm{d}x = 2t\mathrm{d}t$，于是

$$\int \frac{x}{\sqrt{x-2}}\mathrm{d}x = \int \frac{t^2+2}{t}\cdot 2t\mathrm{d}t = 2\int (t^2+2)\mathrm{d}t = 2\left(\frac{t^3}{3} + 2t\right) + C = \frac{2}{3}t^3 + 4t + C,$$

再将 $t=\sqrt{x-2}$ 代回后整理,得

$$\int \frac{x}{\sqrt{x-2}}\mathrm{d}x=\frac{2}{3}(x-2)^{\frac{3}{2}}+4\sqrt{x-2}+C.$$

例 7 求 $\int \frac{\mathrm{d}x}{\sqrt{x}+\sqrt[3]{x}}$.

解 主要问题是既要化去 $\sqrt{x}$ 又要化去 $\sqrt[3]{x}$,只能利用根式 $\sqrt[6]{x}$.

令 $\sqrt[6]{x}=t$,即 $x=t^6$, $\mathrm{d}x=6t^5\mathrm{d}t$,于是

$$\begin{aligned}
\int \frac{\mathrm{d}x}{\sqrt{x}+\sqrt[3]{x}} &= \int \frac{6t^5}{t^3+t^2}\mathrm{d}t \\
&= 6\int \frac{t^3}{t+1}\mathrm{d}t = 6\int \frac{t^3+1-1}{t+1}\mathrm{d}t \\
&= 6\int \left[(t^2-t+1)-\frac{1}{t+1}\right]\mathrm{d}t \\
&= 6\left(\frac{t^3}{3}-\frac{t^2}{2}+t-\ln|t+1|\right)+C \\
&= 2\sqrt{x}-3\sqrt[3]{x}+6\sqrt[6]{x}-6\ln\left|\sqrt[6]{x}+1\right|+C.
\end{aligned}$$

另外,在被积函数中,如果分别含有式 $\sqrt{a^2-x^2}$,$\sqrt{x^2+a^2}$,$\sqrt{x^2-a^2}$,可以分别作正弦代换 $x=a\sin t$,正切代换 $x=a\tan t$,正割代换 $x=a\sec t$,而这些代换统称为**三角代换**.

例 8 求 $\int \sqrt{a^2-x^2}\mathrm{d}x$,$(a>0)$.

解 为了消去根式 $\sqrt{a^2-x^2}$,可以利用同角三角恒等关系中的公式 $\sin^2 t+\cos^2 t=1$.

设 $x=a\sin t, t\in\left(-\frac{\pi}{2},\frac{\pi}{2}\right)$,则 $\mathrm{d}x=a\cos t\mathrm{d}t$.

因而

$$\begin{aligned}
\int \sqrt{a^2-x^2}\mathrm{d}x &= \int a\cos t\cdot a\cos t\mathrm{d}t \\
&= a^2\int \cos^2 t\mathrm{d}t = a^2\int \frac{1+\cos 2t}{2}\mathrm{d}t \\
&= \frac{a^2}{2}\left(t+\frac{\sin 2t}{2}\right)+C \\
&= \frac{a^2}{2}t+\frac{a^2}{2}\sin t\cos t+C.
\end{aligned}$$

由 $x=a\sin t, t\in\left(-\frac{\pi}{2},\frac{\pi}{2}\right)$,有 $t=\arcsin\frac{x}{a}$,作辅助直角三角形(见图 5-2),

可得 $\cos t=\dfrac{\sqrt{a^2-x^2}}{a}$，

于是所求积分为

$$\int\sqrt{a^2-x^2}\,\mathrm{d}x=\frac{a^2}{2}\arcsin\frac{x}{a}+\frac{x}{2}\sqrt{a^2-x^2}+C.$$

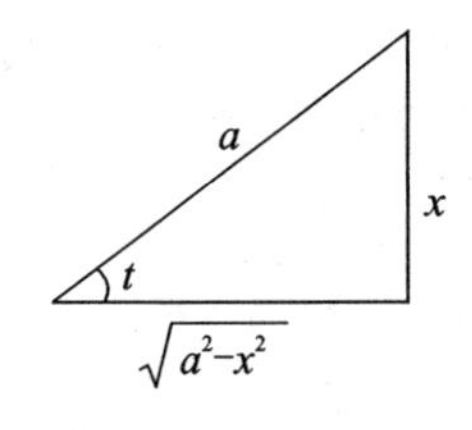

图 5-2

习　题　5.2

1. 填空.

(1) $x^3\mathrm{d}x=$ ____ $\mathrm{d}(3x^4-2)$.　(2) $\mathrm{e}^{-\frac{x}{2}}\mathrm{d}x=$ ____ $\mathrm{d}(1+\mathrm{e}^{-\frac{x}{2}})$.

(3) $\cos(2x-1)\mathrm{d}x=$ ____ $\mathrm{d}\sin(2x-1)$.　(4) $\dfrac{\mathrm{d}x}{1+9x^2}=$ ____ $\mathrm{d}(\arctan 3x)$.

2. 求下列不定积分.

(1) $\int\cos 3x\mathrm{d}x$；　(2) $\int\sin\dfrac{3}{2}x\mathrm{d}x$；　(3) $\int\mathrm{e}^{-x}\mathrm{d}x$；

(4) $\int(x-2)^3\mathrm{d}x$；　(5) $\int\dfrac{1}{4+3x}\mathrm{d}x$；　(6) $\int\dfrac{1}{(4+3x)^2}\mathrm{d}x$；

(7) $\int\mathrm{e}^{(3x-5)}\mathrm{d}x$；　(8) $\int\cos(5x-7)\mathrm{d}x$；　(9) $\int\sqrt{2x+1}\mathrm{d}x$；

(10) $\int\mathrm{e}^x\cos\mathrm{e}^x\mathrm{d}x$；　(11) $\int\sin^2x\cos x\mathrm{d}x$；　(12) $\int\dfrac{\ln^2x}{x}\mathrm{d}x$；

(13) $\int x^2\mathrm{e}^{x^3}\mathrm{d}x$；　(14) $\int\mathrm{e}^{\cos x}\sin x\mathrm{d}x$；　(15) $\int\dfrac{x\mathrm{d}x}{1+x^4}$；

(16) $\int\dfrac{\mathrm{d}x}{\sqrt{2x-1}(2x-1)}$；　(17) $\int x\sin(x^2+1)\mathrm{d}x$.

3. 求下列不定积分.

(1) $\int\dfrac{x}{\sqrt{x-1}}\mathrm{d}x$；　(2) $\int x\sqrt{x+2}\mathrm{d}x$；

(3) $\int\dfrac{\sqrt{x-1}}{x}\mathrm{d}x$；　(4) $\int\dfrac{\mathrm{d}x}{1+\sqrt{x}}$.

5.3　不定积分的分部积分法

下面利用两个函数乘积的求导法则，推导出另一个求积分的方法——**分部积分法**.

设函数 $u=u(x)$，$v=v(x)$ 具有连续导数，则有

$$(uv)'=u'v+uv',$$

移项，得

$$uv' = (uv)' - u'v,$$

两边积分,得

$$\int uv'\mathrm{d}x = uv - \int u'v\mathrm{d}x$$

或

$$\int u\mathrm{d}v = uv - \int v\mathrm{d}u$$

上述积分等式称为不定积分的**分部积分公式**.

一般原则是:$\int v\mathrm{d}u$ 比$\int u\mathrm{d}v$ 容易积分或更简单.

分部积分公式的作用主要是解决被积函数是两类不同的基本初等函数的乘积的积分运算,因此我们必须十分熟悉所学过的函数的微分性质与积分性质,熟练后其经验可归纳为口诀"**反对幂三指,前 u 后 $\mathrm{d}v$**"

例 1 求$\int x\cos x\mathrm{d}x$.

解 取 $u = x, \mathrm{d}v = \cos x\mathrm{d}x$. 则 $\mathrm{d}u = \mathrm{d}x, v = \sin x$.
于是

$$\int x\cos x\mathrm{d}x = \int x\mathrm{d}\sin x = x\sin x - \int \sin x\mathrm{d}x$$
$$= x\sin x + \cos x + C.$$

如果取 $u = \cos x, \mathrm{d}v = x\mathrm{d}x$,

则
$$\mathrm{d}u = -\sin x\mathrm{d}x, v = \frac{x^2}{2}.$$

于是

$$\int x\cos x\mathrm{d}x = \frac{x^2}{2}\cos x + \int \frac{x^2}{2}\sin x\mathrm{d}x.$$

这种取法把问题搞复杂了,因而适当选择 u 和 $\mathrm{d}v$ 至关重要. 熟练后选择 u 和 $\mathrm{d}v$ 的过程不必写出.

例 2 求$\int x\ln x\mathrm{d}x$.

解
$$\int x\ln x\mathrm{d}x = \int \ln x\mathrm{d}\left(\frac{1}{2}x^2\right)$$
$$= \frac{1}{2}x^2\ln x - \int \frac{x^2}{2}\mathrm{d}(\ln x)$$
$$= \frac{1}{2}x^2\ln x - \frac{1}{2}\int x\mathrm{d}x$$
$$= \frac{1}{2}x^2\ln x - \frac{1}{4}x^2 + C.$$

有时需要重复使用分部积分公式.

例 3　求 $\int x^2 e^x dx$.

解　$$\begin{aligned}\int x^2 e^x dx &= \int x^2 (e^x)' dx \\ &= x^2 e^x - \int e^x (x^2)' dx \\ &= x^2 e^x - 2\int x e^x dx \\ &= x^2 e^x - 2\int x (e^x)' dx \\ &= x^2 e^x - 2(xe^x - \int e^x dx) \\ &= x^2 e^x - 2(xe^x - e^x) + C \\ &= e^x (x^2 - 2x + 2) + C.\end{aligned}$$

例 4　求 $\int x\arctan x dx$.

解　$$\begin{aligned}\int x\arctan x dx &= \int \arctan x d\left(\frac{1}{2}x^2\right) \\ &= \frac{1}{2}x^2 \arctan x - \int \frac{1}{2}x^2 d(\arctan x) \\ &= \frac{1}{2}x^2 \arctan x - \frac{1}{2}\int \frac{x^2}{1+x^2} dx \\ &= \frac{1}{2}x^2 \arctan x - \frac{1}{2}\int \left(1 - \frac{1}{1+x^2}\right) dx \\ &= \frac{1}{2}x^2 \arctan x - \frac{1}{2}(x - \arctan x) + C.\end{aligned}$$

有时则需兼用换元积分法和分部积分法.

例 5　求 $\int e^{\sqrt{x}} dx$.

解　令 $\sqrt{x} = t$，则

$$\begin{aligned}\int e^{\sqrt{x}} dx &= 2\int te^t dt \\ &= 2(te^t - \int e^t dt) \\ &= 2(te^t - e^t) + C \\ &= 2e^t (t - 1) + C \\ &= 2e^{\sqrt{x}} (\sqrt{x} - 1) + C.\end{aligned}$$

有时被求积分在使用分部积分时出现“循环现象”，这时可用解方程的方法把所求积分求出来.

例 6 求$\int e^x \sin x dx$.

解
$$\begin{aligned}\int e^x \sin x dx &= \int \sin x de^x \\ &= e^x \sin x - \int e^x \cos x dx \\ &= e^x \sin x - \int \cos x de^x \\ &= e^x \sin x - e^x \cos x - \int e^x \sin x dx,\end{aligned}$$

将$\int e^x \sin x dx$ 作为未知函数解出来,得

$$\int e^x \sin x dx = \frac{1}{2} e^x (\sin x - \cos x) + C.$$

不定积分的计算比较灵活,方法多,各有特点,只有熟练才能生巧.

习 题 5.3

1. 求下列不定积分:

(1) $\int x e^x dx$; (2) $\int x \sin x dx$; (3) $\int x^2 \ln x dx$; (4) $\int \frac{\ln x}{x^2} dx$;

(5) $\int \ln x dx$; (6) $\int \ln(x+1) dx$; (7) $\int x^2 \cos x dx$; (8) $\int \frac{\ln \ln x}{x} dx$;

(9) $\int \arcsin x dx$; (10) $\int x e^{-x} dx$; (11) $\int e^x \cos x dx$; (12) $\int x f''(x) dx$.

2. 已知$\int f(x) dx = F(x) + C$,求 $\int x f'(x) dx$.

3. 已知 e^{-x} 是 $f(x)$ 的一个原函数,求$\int x f(x) dx$.

数学王子高斯

德国著名大科学家高斯(1777—1855 年,见图 5-3)出生在一个贫穷的家庭.高斯在还不会讲话的时候就自己学计算.在三岁时,有一天晚上他看着父亲算工钱,纠正了父亲计算的错误.长大后,他成为最杰出的天文学家、数学家之一.他在物理的电磁学方面有一些贡献,现在电磁学的一个单位就是用他的名字命名的.数学界则称呼他为“数学王子”.高斯和阿基米德、牛顿并列为世界三大数学家.一生成就极为丰硕,以他的名字“高斯”命名的成果达 110 个,属数学家之最.他对数论、代数、统计、分析、微分几何、大地测量学、地球物理学、力学、静电学、天文学、矩阵理论和光学皆有贡献.

图 5-3

他八岁时进入乡村小学读书.教数学的老师是一个从城里来的人,觉得在一个穷乡僻壤教几个小猢狲读书,真是大材小用.而他又有些偏见:穷人的孩子天生都是笨蛋,教这些蠢笨的孩子念书不必认真,如果有机会还应该处罚他们,使自己在这枯燥的生活里得到一些乐趣.

这一天正是数学老师情绪低落的一天,同学们看到老师那抑郁的脸孔,心里畏缩起来,知道老师又会处罚学生了.“你们今天替我算从 1 加 2 加 3 一直到 100 的和,谁算不出来就罚他不能回家吃午饭.”老师讲了这句话后就一言不发地拿起一本小说坐在椅子上看去了.教室里的小朋友们拿起石板开始计算:“1 加 2 等于 3,3 加 3 等于 6,6 加 4 等于 10……”一些小朋友加到一个数后就擦掉石板上的结果,再加下去,数越来越大,很不好算.有些孩子的小脸孔涨红了,有些手心、额头上渗出汗来.

还不到半个小时,小高斯拿起了他的石板走上前去:“老师,答案是不是这样?”

老师头也不抬,挥着那肥厚的手,说:“去,回去再算!错了.”他想不可能这么快就会有答案.

可是高斯却站着不动,把石板伸向老师面前:“老师!我想这个答案是对的.”

数学老师本来想怒吼起来,可是一看石板上整整齐齐写了这样的数——5050,他惊奇起来,因为他自己曾经算过,得到的数也是 5050,这个 8 岁的小鬼怎么这样快就得到了这个数值呢?

高斯解释他发现的一个方法,这个方法就是古时希腊人和中国人用来计算级数 $1+2+3+\cdots+n$ 的方法.高斯的发现使老师觉得羞愧,觉得自己以前目空一切和轻视穷人家的孩子的观点是不对的.他从此认真教起书来,并且还常从城里买些数学书自己进修并借给高斯看.在他的鼓励下,高斯以后便在数学上做一些重要的研究了.

高斯不到20岁时,在许多学科上就已取得了不小的成就.对于高斯接二连三的成功,邻居几个小伙子很不服气,决心要为难他一下.小伙子们聚到一起冥思苦想,终于想出了一道难题.他们用一根细棉线系上一块银币,然后再找来一个非常薄的玻璃瓶,把银币悬空垂放在瓶中,瓶口用瓶塞塞住,棉线的另一头系在瓶塞上.准备好以后,他们小心翼翼地捧着瓶子,在大街上拦住高斯,用挑衅的口吻说道:"你一天到晚捧着书本,拿着放大镜东游西逛,一副蛮有学问的样子,你那么有本事,能不碰破瓶子,不去掉瓶塞,把瓶中的棉线弄断吗?"

高斯对他们这种无聊的挑衅很生气,本不想理他们,可当他看了瓶子后,又觉得这道难题还的确有些意思,于是认真地思考起解题的办法来.繁华的大街商店林立,人流如川.在小伙子们为能难倒高斯而得意之时,大街上的围观者越来越多.大家兴趣甚浓,都在想着法子,但无济于事,除了摇头自嘲之外,只好把期冀的目光投向高斯.高斯呢,眉头紧皱,一声不吭.小伙子们更得意了,他们为自己高明的难题而叫绝.有人甚至刁难道:"怎么样,你智力有限吧,实在解不出,就把你得到的那么多荣誉证书拿到大街上当众烧掉,以后别再逞能了."

高斯的确气恼,但他克制住了,不受围观者嘈杂吵嚷的影响而冷静思考.他无意地看了看明媚的阳光,又望了望那个瓶子,忽然高兴地叫道:"有办法了."说着从口袋里拿出一面放大镜,对着瓶子里的棉线照着,一分钟,两分钟…… 人们好奇地睁大了眼,随着钱币"铛"的一声掉落瓶底,大家发现棉线被烧断了.

高斯高声说道:"我是把太阳光聚焦,让这个热度很高的焦点穿过瓶子,照射在棉线上,使棉线烧断.太阳光帮了我的忙."

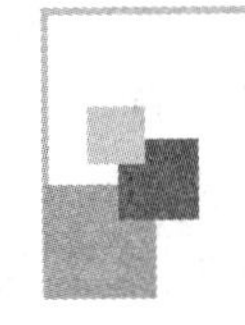

第六章　定积分及其应用

本章导读

定积分的概念是从实际问题中抽象出来的.这个抽象的过程中我们会学到很多的东西.首先,曲边梯形不同于梯形,求其面积是一类崭新的问题,通过分割、近似、求和、取极限,引出了一个新方法,它实现了从未知到已知的转化,从而解决了新的问题.其次,在思维方式上也有所启迪:把整体分割成细小的局部,以直代曲,以不变代变,以近似代精确,最后取极限,由量变到质变,又恢复到整体,得到了精确值,实现了量变到质变、近似到精确的转化,从而进一步认识"曲与直""变与不变""近似与精确""局部到整体"的辩证关系,即"化整为零,积零为整",这就是定积分的基本思想.

这种解决问题的方法和思维方式,是值得我们学习和借鉴的,这也是数学的精华所在,魅力所在.

定积分是一种"和式的极限",它与不定积分是两个完全不同的概念,但它们是可以建立联系的.本章先介绍定积分的概念,然后讨论变上限积分,导出微积分基本公式,从而实现利用不定积分来解决定积分的计算问题,最后通过实例介绍定积分在几何学和物理学中的应用.

6.1　定积分的概念和性质

6.1.1　定积分产生的实际背景

微分和积分分别由两个几何问题引出.最初由阿基米德等人提出面积和体积计算问题后,逐步从中得到一系列求面积的方法——积分.实际生活中存在许多相似的问题和解决此类问题相同的思想与方法,如求变速直线运动路程、变力做功等,从而引入定积分的概念.

1. 曲边梯形的面积

曲边梯形是指由连续曲线 $y=f(x)(f(x)\geqslant 0)$,两条直线 $x=a$,$x=b$,以及 x 轴围成的平面图形(见图 6-1),现求曲边梯形的面积.

如何计算曲边梯形的面积?通过下面的讨论,来寻找求其面积的思路和方法.我们知道,面积计算中,矩形的面积计算最简单:

$$矩形面积 = 底 \times 高.$$

因此,如果把区间$[a,b]$划分为许多小区间,在每个小区间上用$f(x)$上某一点处的高来近似代替同一个小区间上小曲边梯形的变化的高,那么,每个小曲边梯形就可以近似地看作一个小矩形.于是所有小矩形的面积之和就是曲边梯形面积的近似值(见图6-2).

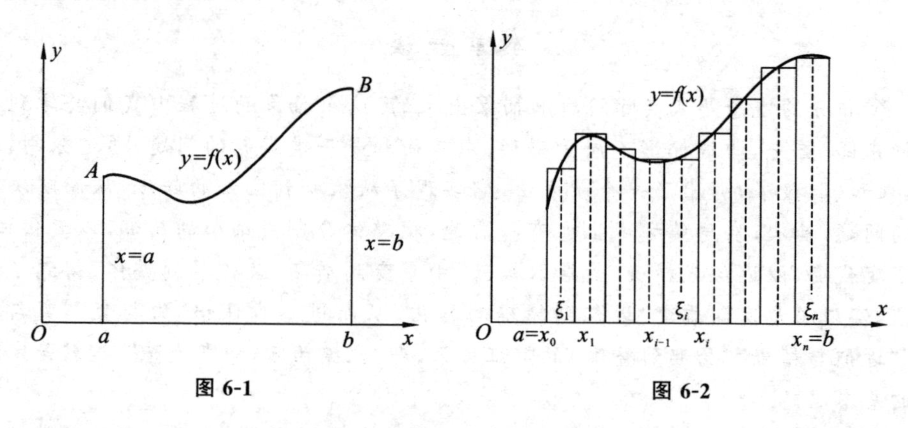

图 6-1　　　　图 6-2

基于这样一个事实,我们把区间$[a,b]$无限地细分下去,使得每个小区间的长度都趋近于零,这时所有小曲边梯形的面积之和的极限就可定义为曲边梯形的面积.

根据上述分析,我们按四个步骤计算曲边梯形的面积.

1) 分割

在区间$[a,b]$内任意插入$n-1$个分点$x_1,x_2,\cdots,x_{n-1}$,使

$$a = x_0 < x_1 < x_2 < \cdots < x_{x-1} < x_n = b,$$

把区间分成n个小区间:$[x_0,x_1]$,$[x_1,x_2]$,…,$[x_{n-1},x_n]$.它们的长度为:$\Delta x_i = x_i - x_{i-1}\quad(i=1,2,\cdots,n)$.

相应地,曲边梯形被分割成n个窄小曲边梯形.

2) 近似

当每个小区间$[x_{i-1},x_i]$很小时,它所对应的每个小曲边梯形的面积可以用矩形面积近似.小矩形的宽为Δx_i,在$[x_{i-1},x_i]$上任取一点ξ_i,以对应的函数值$f(\xi_i)$为高,则小曲边梯形面积ΔA_i的近似值为

$$\Delta A_i \approx f(\xi_i)\Delta x_i (i = 1,2,\cdots,n).$$

3) 求和

把n个窄小曲边梯形面积加起来,就得到曲边梯形面积A的近似值

$$A \approx \sum_{i=1}^{n} f(\xi_i)\Delta x_i.$$

4）逼近

为了保证所有的小区间的长度 Δx_i 都趋近于零，令 $\lambda = \max\{\Delta x_1, \Delta x_2, \cdots, \Delta x_n\}$，当 $\lambda \to 0$ 时，和式 $\sum_{i=1}^{n} f(\xi_i)\Delta x_i$ 的极限就是曲边梯形的面积. 即

$$A = \lim_{\lambda \to 0} \sum_{i=1}^{n} f(\xi_i)\Delta x_i.$$

采用"分割、近似、求和、逼近"可求得曲边梯形的面积.

2. 变速直线运动的路程

设某物体做变速直线运动，已知速度 $v = v(t)$ 是时间间隔 $[T_1, T_2]$ 上的连续函数，且 $v(t) \geqslant 0$，计算在这段时间内物体所经过的路程 s.

我们知道，物体做匀速直线运动的路程公式为

$$\text{路程} = \text{速度} \times \text{时间}.$$

由于物体做变速直线运动，速度是变化的，不能用匀速运动的路程公式计算路程. 然而，已知速度 $v = v(t)$ 是连续变化的，在很短一段时间内，速度的变化量很小，近似于匀速，其路程可用匀速直线运动的路程公式来计算. 同样，可按求曲边梯形面积的思路与步骤来求解路程问题.

1）分割

在时间间隔 $[T_1, T_2]$ 内任意插入 $n-1$ 个分点 $t_1, t_2, \cdots, t_{n-1}$，使

$$T_1 = t_0 < t_1 < t_2 < \cdots < t_{n-1} < t_n = T_2,$$

把 $[T_1, T_2]$ 分成 n 个小段：$[t_0, t_1]$，$[t_1, t_2]$，$\cdots$，$[t_{n-1}, t_n]$. 各小段的时间长为：$\Delta t_i = t_i - t_{i-1} (i = 1, 2, \cdots, n)$.

2）近似

当每个小段 $[t_{i-1}, t_i]$ 很小时，它所对应的每个小段的速度可近似看成匀速，其对应的路程可以用匀速直线运动路程公式来计算. 在 $[t_{i-1}, t_i]$ 上任取一点 ξ_i，对应的速度值为 $v(\xi_i)$，那么物体在这小段时间间隔内经过的路程 Δs_i 的近似值为

$$\Delta s_i \approx v(\xi_i)\Delta t_i \quad (i = 1, 2, \cdots, n).$$

3）求和

这 n 个小段所有路程的近似值之和，就是全部路程 s 的近似值，即

$$s \approx \sum_{i=1}^{n} v(\xi_i)\Delta t_i.$$

4）逼近

为了保证所有的小段时间 Δt_i 都无限小，我们要求小段时间长度的最大值 $\lambda = \max\{\Delta t_1, \Delta t_2, \cdots, \Delta t_n\}$ 都趋近于零，和式 $\sum_{i=1}^{n} v(\xi_i)\Delta t_i$ 的极限就是全部路程 s 的精确值. 即

$$s=\lim_{\lambda\to 0}\sum_{i=1}^{n}v(\xi_i)\Delta t_i.$$

从以上两个引例可以看出,虽然研究的问题不同,但解决问题的思路和方法是相同的.在科学技术和实际生活中,撇开问题的具体意义,找出它们在数量上的共同特点并加以概括,许多问题都可以归结为这种特定和式的极限.由此,我们可以抽象出定积分的概念.

6.1.2 定积分的定义

1. 定义

设函数 $f(x)$ 为区间$[a,b]$的有界函数,在$[a,b]$中任意插入 $n-1$ 个分点 x_1, $x_2,\cdots,x_{n-1}$, $a=x_0<x_1<x_2<\cdots<x_{x-1}<x_n=b$,把区间$[a,b]$分成$n$个小区间$[x_{i-1},x_i]$$(i=1,2,\cdots,n)$,记 $\Delta x_i=x_i-x_{i-1}$ 为各区间的长度.

在区间$[x_{i-1},x_i]$上任取一点$\xi_i$$(x_{i-1}\leqslant\xi_i\leqslant x_i)$,作函数值 $f(\xi_i)$ 与小区间长度 Δx_i 的乘积 $f(\xi_i)\Delta x_i$$(i=1,2,\cdots,n)$,并作和式:

$$S=\sum_{i=1}^{n}f(\xi_i)\Delta x_i.$$

令$\lambda=\max\{\Delta x_1,\Delta x_2,\cdots,\Delta x_n\}$,当$\lambda\to 0$时,上述和式的极限如果存在,则称函数 $f(x)$ 在区间$[a,b]$上是可积的.并称这个极限值为 $f(x)$ 在区间$[a,b]$上的**定积分**,记作 $\int_a^b f(x)\mathrm{d}x$,即

$$\int_a^b f(x)\mathrm{d}x=\lim_{\lambda\to 0}\sum_{i=1}^{n}f(\xi_i)\Delta x_i.$$

其中 $f(x)$ 叫**被积函数**,$f(x)\mathrm{d}x$ 叫**被积表达式**,x 叫**积分变量**,区间$[a,b]$叫**积分区间**,a 叫**积分下限**,b 叫**积分上限**.

由定积分定义可知:

(1) 定积分是一个数值,它与被积函数 $f(x)$ 和积分区间$[a,b]$有关,而与区间$[a,b]$的分法和点 ξ_i 的取法无关,也与其积分变量的记号无关.所以

$$\int_a^b f(x)\mathrm{d}x=\int_a^b f(u)\mathrm{d}u=\int_a^b f(t)\mathrm{d}t.$$

(2) 函数 $f(x)$ 在$[a,b]$上可积的条件是函数$f(x)$在$[a,b]$连续或只有有限个第一类间断点.

2. 定积分的几何意义

由前面的曲边梯形面积的求法可知:

(1) 当 $f(x)\geqslant 0$ 时,定积分$\int_a^b f(x)\mathrm{d}x$表示由曲线 $y=f(x)$,两条直线 $x=a$, $x=b$ 及 x 轴所围成的曲边梯形的面积A,即$\int_a^b f(x)\mathrm{d}x=A$.

(2) 当 $f(x) \leqslant 0$ 时，$\int_a^b f(x)\mathrm{d}x = -A$(曲边梯形面积的相反数).

一般地，定积分$\int_a^b f(x)\mathrm{d}x$ 的**几何意义**为：由曲线 $y = f(x)$，两条直线$x = a$，$x = b$ 及 x 轴所围成的平面图形的各部分面积的代数和. 图形在 x 轴上方的取正号，在 x 轴下方的取负号.

如图 6-3 所示的函数 $y = f(x)$ 在区间$[a,b]$的定积分为

$$\int_a^b f(x)\mathrm{d}x = A_1 - A_2 + A_3.$$

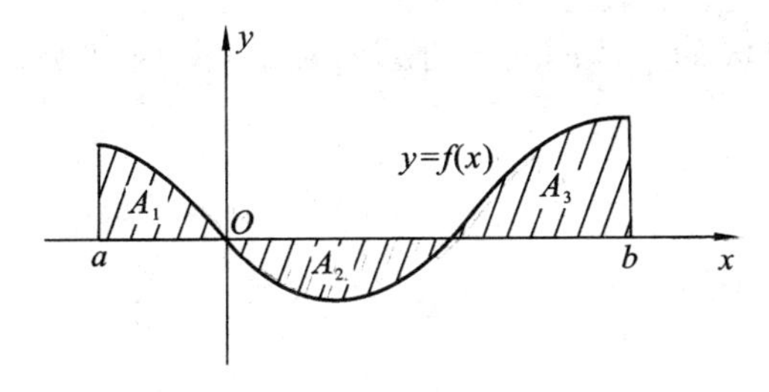

图 6-3

补充规定：

(1) 当 $a = b$ 时，$\int_a^b f(x)\mathrm{d}x = 0$.

(2) 当 $a > b$ 时，$\int_a^b f(x)\mathrm{d}x = -\int_b^a f(x)\mathrm{d}x$.

例 1　利用定积分的几何意义求定积分$\int_0^2 \sqrt{4 - x^2}\mathrm{d}x$.

解　根据定积分的几何意义，该定积分是由曲线 $y = \sqrt{4 - x^2}$，直线 $x = 0$，$x = 2$ 及 x 轴所围成的平面图形的面积，即半径为 2 的圆的面积的四分之一，如图 6-4 所示. 所以

$$\int_0^2 \sqrt{4 - x^2}\mathrm{d}x = \frac{1}{4}\pi \cdot 2^2 = \pi.$$

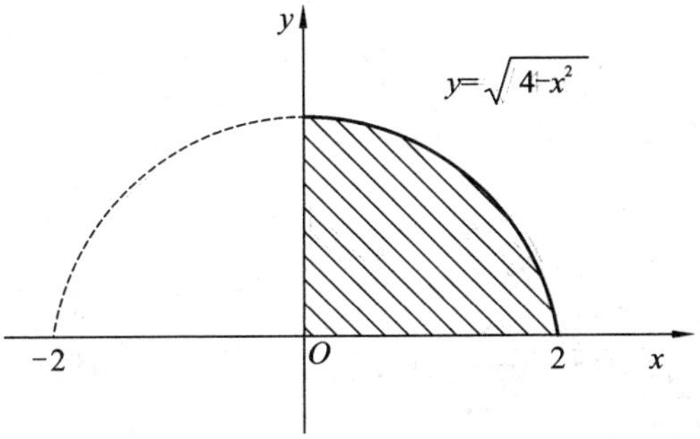

图 6-4

6.1.3 定积分的性质

设 $f(x)$,$g(x)$ 为可积的,根据定积分定义可得以下性质:

性质 1 两个函数和(差)的定积分等于它们定积分的和(差),即

$$\int_a^b [f(x) \pm g(x)]\mathrm{d}x = \int_a^b f(x)\mathrm{d}x \pm \int_a^b g(x)\mathrm{d}x.$$

性质 2 被积表达式中的常数因子可以提到积分号前面,即

$$\int_a^b kf(x)\mathrm{d}x = k\int_a^b f(x)\mathrm{d}x.$$

性质 3 若把区间 $[a,b]$ 分成 $[a,c]$ 和 $[c,b]$ 两部分,则定积分对区间 $[a,b]$ 具有可加性,即

$$\int_a^b f(x)\mathrm{d}x = \int_a^c f(x)\mathrm{d}x + \int_c^b f(x)\mathrm{d}x.$$

性质 4 如果在区间 $[a,b]$ 上,$f(x) \equiv 1$,则

$$\int_a^b f(x)\mathrm{d}x = \int_a^b 1\mathrm{d}x = b - a.$$

性质 5 如果在区间 $[a,b]$ 上,$f(x) \geqslant 0$,则

$$\int_a^b f(x)\mathrm{d}x \geqslant 0.$$

性质 6 如果在区间 $[a,b]$ 上,$f(x) \leqslant g(x)$,则

$$\int_a^b f(x)\mathrm{d}x \leqslant \int_a^b g(x)\mathrm{d}x \quad (a < b).$$

性质 7(估值定理) 如果 $f(x)$ 在 $[a,b]$ 上最大值为 M,最小值为 m,那么

$$m(b-a) \leqslant \int_a^b f(x)\mathrm{d}x \leqslant M(b-a).$$

性质 8(积分中值定理) 如果 $f(x)$ 在 $[a,b]$ 上连续,则在区间 $[a,b]$ 上至少存在一点 ξ,使得

$$\int_a^b f(x)\mathrm{d}x = f(\xi)(b-a) \quad (a \leqslant \xi \leqslant b).$$

积分中值定理有如下几何解释:如果 $f(x) \geqslant 0$ 在区间 $[a,b]$ 上连续,则在区间 $[a,b]$ 上至少存在一点 ξ,使得 $f(x)$ 在区间 $[a,b]$ 上所对应的曲边梯形的面积与底边相同、高为 $f(\xi)$ 的一个矩形的面积相等(见图 6-5).

由积分中值定理可得

$$f(\xi) = \frac{1}{b-a}\int_a^b f(x)\mathrm{d}x,$$

该等式右边的式子称为函数 $f(x)$ 在区间 $[a,b]$ 上的**平均值**.

例 2 计算 $\int_{-\pi}^{\pi} \sin x\mathrm{d}x$.

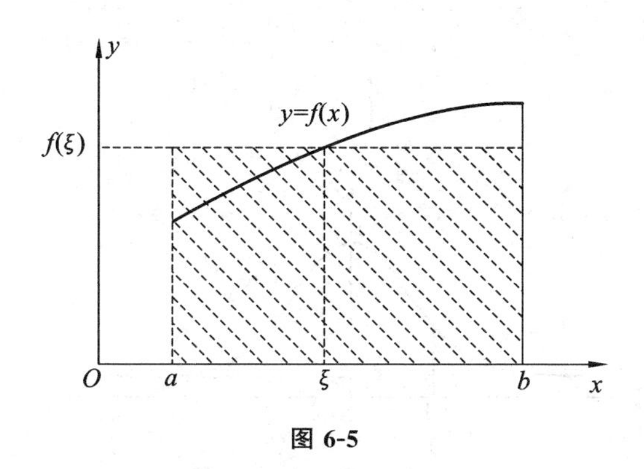

图 6-5

解　当 $x \in [0,\pi]$ 时，$\sin x \geqslant 0$，$\int_0^{\pi} \sin x \mathrm{d}x$ 的值在几何上表示 $y=\sin x$ 及 x 轴在 $[0,\pi]$ 之间的面积 A；

当 $x \in [-\pi,0]$ 时，$\sin x \leqslant 0$，由其几何意义知 $\int_{-\pi}^{0} \sin x \mathrm{d}x = -A$.

根据定积分性质 3 及定积分的几何意义得

$$\int_{-\pi}^{\pi} \sin x \mathrm{d}x = \int_{-\pi}^{0} \sin x \mathrm{d}x + \int_0^{\pi} \sin x \mathrm{d}x = A - A = 0.$$

例 3　比较下列各积分值的大小.

(1) $\int_0^{\frac{\pi}{2}} \sin x \mathrm{d}x$ 和 $\int_0^{\frac{\pi}{2}} \sin^2 x \mathrm{d}x$；　　(2) $\int_1^2 \ln x \mathrm{d}x$ 和 $\int_1^2 \ln^2 x \mathrm{d}x$.

解　(1) 在区间 $\left[0,\frac{\pi}{2}\right]$ 上，$0 \leqslant \sin x \leqslant 1$，因此，$\sin x \geqslant \sin^2 x$，由性质 6 可知

$$\int_0^{\frac{\pi}{2}} \sin x \mathrm{d}x \geqslant \int_0^{\frac{\pi}{2}} \sin^2 x \mathrm{d}x;$$

(2) 在区间 $[1,2]$ 上，$0 \leqslant \ln x \leqslant \ln 2 \leqslant 1$，因此 $\ln x \geqslant \ln^2 x$，由性质 6 可知

$$\int_1^2 \ln x \mathrm{d}x \geqslant \int_1^2 \ln^2 x \mathrm{d}x.$$

例 4　估计定积分 $\int_{-1}^{2} \mathrm{e}^{-x^2} \mathrm{d}x$ 值的范围.

解　先求出函数 $f(x) = \mathrm{e}^{-x^2}$ 在 $[-1,2]$ 上的最大值和最小值，为此计算导数

$$f'(x) = -2x\mathrm{e}^{-x^2},$$

令 $f'(x) = 0$，得驻点 $x = 0$，算出

$$f(0) = 1, f(-1) = \mathrm{e}^{-1}, f(2) = \mathrm{e}^{-4},$$

得最大值 $f(0) = 1$，最小值 $f(2) = \mathrm{e}^{-4}$，如图 6-6 所示，根据性质 7 得

$$f(2) \cdot [2-(-1)] \leqslant \int_{-1}^{2} \mathrm{e}^{-x^2} \mathrm{d}x \leqslant f(0) \cdot [2-(-1)],$$

即

$$3e^{-4} \leqslant \int_{-1}^{2} e^{-x^2} dx \leqslant 3.$$

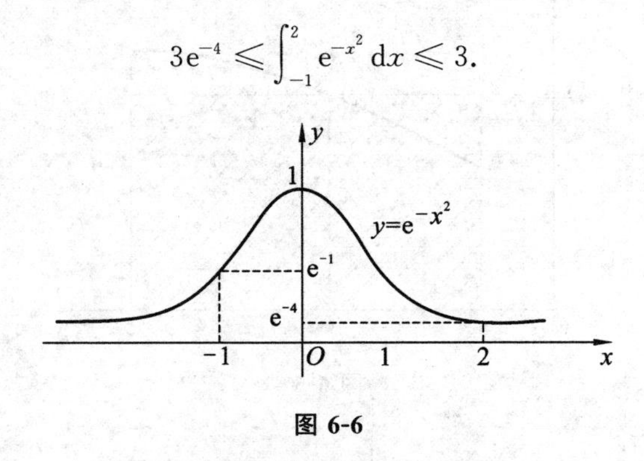

图 6-6

习 题 6.1

1. 利用定积分的几何意义,画出下列积分所表示的面积,并求出各积分的值.

(1) $\int_0^1 2x\mathrm{d}x$; (2) $\int_{-2}^{2} \sqrt{4-x^2}\mathrm{d}x$;

(3) $\int_0^2 (2x+3)\mathrm{d}x$; (4) $\int_0^3 2\mathrm{d}x$;

(5) $\int_0^2 1+\sqrt{4-x^2}\mathrm{d}x$; (6) $\int_{-1}^{1} |x|\mathrm{d}x$.

2. 利用定积分的性质,化简下列各式.

(1) $\int_{-2}^{-1} f(x)\mathrm{d}x + \int_{-1}^{2} f(x)\mathrm{d}x$; (2) $\int_a^{x+\Delta x} f(x)\mathrm{d}x - \int_a^x f(x)\mathrm{d}x$.

3. 利用定积分的性质,确定下列积分的符号.

(1) $\int_0^{\pi} \sin x\mathrm{d}x$; (2) $\int_{\frac{1}{4}}^{1} \ln x\mathrm{d}x$;

(3) $\int_0^1 \frac{\sqrt{x}}{1+\sqrt{x}}\mathrm{d}x$; (4) $\int_{-1}^{0} x e^{-x^2}\mathrm{d}x$.

4. 利用定积分的性质,比较各对积分值的大小.

(1) $\int_0^{\frac{\pi}{2}} x\mathrm{d}x$ 与 $\int_0^{\frac{\pi}{2}} \sin x\mathrm{d}x$; (2) $\int_0^1 e^x\mathrm{d}x$ 与 $\int_0^1 (1+x)\mathrm{d}x$.

5. 估计下列积分值的范围.

(1) $\int_1^2 (x^2+1)\mathrm{d}x$; (2) $\int_0^{\frac{3\pi}{2}} (1+\cos^2 x)\mathrm{d}x$.

6. 某物体以速度 $v=3t^2+2t$ 做直线运动,且已知 $\int_0^3 t^2\mathrm{d}t = 9$, $\int_0^3 2t\mathrm{d}t = 9$,请计算该物体在 $t=0$ s 到 $t=3$ s 这段时间内的平均速度(提示:利用积分中值定理).

6.2　定积分的基本公式

定积分是一种特殊的和式极限，用定义来直接计算是一件非常困难的事，因此我们必须寻求计算定积分的新的、有效的方法.

6.2.1　变速直线运动位置函数与速度函数之间的关系

我们先从实际问题寻找解决定积分计算的思路与线索. 从 6.1 节知：物体做变速直线运动从时刻 T_1 到时刻 T_2 所经过的位移 s 等于速度函数 $v=v(t)$ 在区间 $[T_1,T_2]$ 上的定积分，即

$$s=\int_{T_1}^{T_2} v(t)\mathrm{d}t.$$

另一方面，从物理学知位移 s 又可表示位置函数 $s(t)$ 在区间 $[T_1,T_2]$ 上的增量

$$s(T_2)-s(T_1).$$

于是，

$$\int_{T_1}^{T_2} v(t)\mathrm{d}t=s(T_2)-s(T_1).$$

我们已经知道，$s'(t)=v(t)$，即位移函数 $s(t)$ 是速度函数 $v(t)$ 的原函数，因此上式表明速度函数 $v(t)$ 在区间 $[T_1,T_2]$ 上的定积分等于其原函数 $s(t)$ 在区间 $[T_1,T_2]$ 上的改变量，即 $\int_{T_1}^{T_2} v(t)\mathrm{d}t=\int_{T_1}^{T_2} s'(t)\mathrm{d}t=s(T_2)-s(T_1)$. 这一结论是否有普遍意义？下面我们就来讨论这一问题.

6.2.2　变上限的定积分

设函数 $f(x)$ 在区间 $[a,b]$ 上连续，并且设 x 为 $[a,b]$ 上任一点，那么在部分区间 $[a,x]$ 上的定积分为

$$\int_a^x f(x)\mathrm{d}x.$$

上面的 x 既表示积分的上限，又表示积分的变量，为避免混淆，我们将积分变量改为 t（定积分与变量的记号无关），于是上面的积分可改写为

$$\int_a^x f(t)\mathrm{d}t.$$

显然，当 x 在 $[a,b]$ 上变动时，对应每一个 x 值，积分 $\int_a^x f(t)\mathrm{d}t$ 应有一个确定的值，因此 $\int_a^x f(t)\mathrm{d}t$ 是关于上限 x 的一个函数，记作 $\Phi(x)$，于是，

$$\Phi(x)=\int_a^x f(t)\mathrm{d}t$$

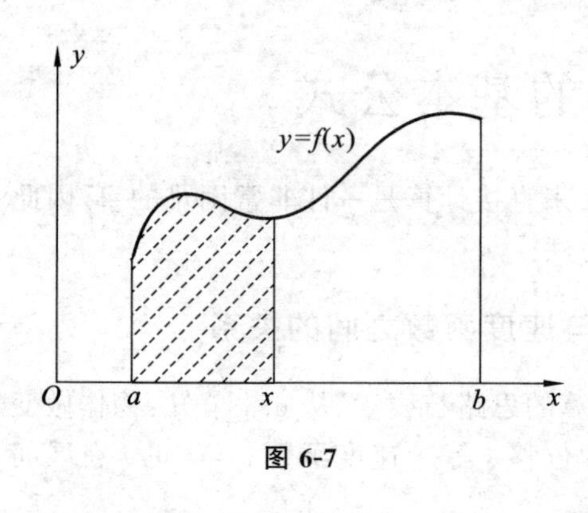

图 6-7

叫作**积分上限函数**,这个积分也称为**变上限定积分**.

积分上限函数的几何意义如图 6-7 所示.

定理 1　设函数 $f(x)$ 在区间$[a,b]$上连续,则积分上限函数

$$\Phi(x)=\int_a^x f(t)\mathrm{d}t$$

在区间$[a,b]$上可导,且

$$\Phi'(x)=\frac{\mathrm{d}}{\mathrm{d}x}\int_a^x f(t)\mathrm{d}t=f(x).$$

从定理 1 可知:积分上限函数的导数等于被积函数,因此,**积分上限函数 $\Phi(x)$ 是连续函数 $f(x)$ 的一个原函数.**

推论 1　$\frac{\mathrm{d}}{\mathrm{d}x}\int_x^a f(t)\mathrm{d}t=-f(x)$.

推论 2　$\frac{\mathrm{d}}{\mathrm{d}x}\int_a^{\varphi(x)} f(t)\mathrm{d}t=f[\varphi(x)]\varphi'(x)$.

这个定理的重要意义是:一方面肯定了连续函数的原函数必定存在,另一方面初步揭示了积分学中的定积分与原函数的联系.

例 1　已知 $\Phi(x)=\int_0^x \sin t^2\mathrm{d}t$,求 $\Phi'(x)$.

解　由定理 1 知,$\Phi'(x)=\frac{\mathrm{d}}{\mathrm{d}x}\int_0^x \sin t^2\mathrm{d}t=\sin x^2$.

例 2　计算$\frac{\mathrm{d}}{\mathrm{d}x}\int_0^{x^2}\cos t^3\mathrm{d}t$.

解　由推论 2 可得$\frac{\mathrm{d}}{\mathrm{d}x}\int_0^{x^2}\cos t^3\mathrm{d}t=\cos x^6\cdot(x^2)'=2x\cos x^6$.

6.2.3　牛顿-莱布尼茨公式

定理 1 阐明了定积分与原函数的联系,在此研究的基础上,数学家推导出了定积分的计算方法.

定理 2　设函数 $f(x)$ 在区间$[a,b]$上连续,又 $F(x)$ 是 $f(x)$ 在区间$[a,b]$上的任一原函数,则有

$$\int_a^b f(x)\mathrm{d}x=F(b)-F(a).$$

这个公式叫牛顿-莱布尼茨公式,也称为微积分基本公式.

证　因 $F(x)$ 与 $\Phi(x)=\int_a^x f(t)\mathrm{d}t$ 都是 $f(x)$ 的原函数,由原函数的性质得:

$$\Phi(x)-F(x)=C.$$

令 $x=a$，因 $\Phi(a)=\int_a^a f(t)\mathrm{d}t=0$，所以 $C=-F(a)$，于是，

$$\Phi(x)=\int_a^x f(t)\mathrm{d}t=F(x)-F(a),$$

令 $x=b$，则

$$\Phi(b)=\int_a^b f(t)\mathrm{d}t=F(b)-F(a).$$

由牛顿-莱布尼茨公式可得定积分的计算方法：先用不定积分的方法求出原函数，然后计算原函数在上、下限处的值的差，便得到定积分的值.

为了计算方便，通常把 $F(b)-F(a)$ 记作 $F(x)\Big|_a^b$，于是可写成如下形式

$$\int_a^b f(x)\mathrm{d}x=F(b)-F(a)=F(x)\Big|_a^b.$$

下面是几个应用牛顿-莱布尼茨公式计算定积分的简单例子.

例 3　计算 $\int_1^2 x^3\mathrm{d}x$.

解　由于 $\frac{x^4}{4}$ 是 x^3 的一个原函数，所以按牛顿-莱布尼茨公式有

$$\int_1^2 x^3\mathrm{d}x=\frac{x^4}{4}\Big|_1^2=\frac{2^4}{4}-\frac{1^4}{4}=4-\frac{1}{4}=\frac{15}{4}.$$

例 4　计算 $\int_1^2\left(x+\frac{1}{x}\right)^2\mathrm{d}x$.

解　$\int_1^2\left(x+\frac{1}{x}\right)^2\mathrm{d}x=\int_1^2\left(x^2+2+\frac{1}{x^2}\right)\mathrm{d}x=\left(\frac{1}{3}x^3+2x-\frac{1}{x}\right)\Big|_1^2=\frac{29}{6}.$

例 5　计算 $\int_{-2}^2 |x|\mathrm{d}x$.

解　被积函数 $f(x)=|x|$ 在积分区间 $[-2,2]$ 应是分段函数，即

$$f(x)=\begin{cases}-x, & -2\leqslant x<0\\ x, & 0\leqslant x\leqslant 2\end{cases}$$

所以有

$$\int_{-2}^2|x|\mathrm{d}x=\int_{-2}^0(-x)\mathrm{d}x+\int_0^2 x\mathrm{d}x$$

$$=\left(-\frac{1}{2}x^2\right)\Big|_{-2}^0+\left(\frac{1}{2}x^2\right)\Big|_0^2=4.$$

例 6　计算下列定积分.

(1) $\int_1^4\sqrt{x}\mathrm{d}x$；　　(2) $\int_{-1}^1\frac{1}{1+x^2}\mathrm{d}x$.

解　(1) $\int_1^4\sqrt{x}\mathrm{d}x=\frac{2}{3}x^{\frac{3}{2}}\Big|_1^4=\frac{2}{3}(4^{\frac{3}{2}}-1)=\frac{14}{3}$；

(2) $\int_{-1}^{1}\frac{1}{1+x^2}dx=\arctan x\Big|_{-1}^{1}=\arctan 1-\arctan(-1)=\frac{\pi}{4}-\left(-\frac{\pi}{4}\right)=\frac{\pi}{2}$.

例 7 计算正弦曲线 $y=\sin x$ 在 $[0,\pi]$ 上与 x 轴所围成的平面图形(见图 6-8)的面积.

解 按求曲边梯形面积的方法,它的面积为

$$A=\int_{0}^{\pi}\sin x dx=-\cos x\Big|_{0}^{\pi}=-(-1)-(-1)=2.$$

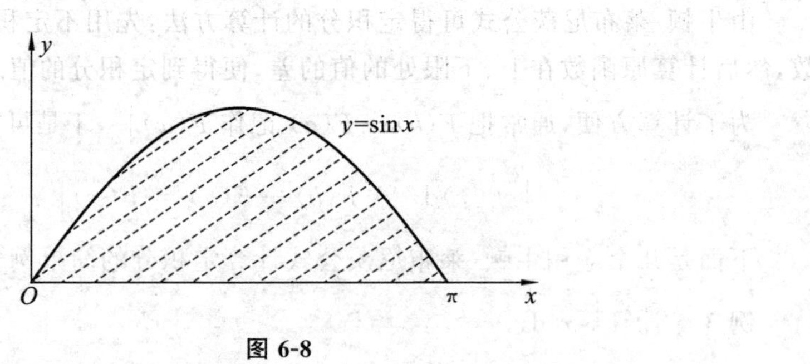

图 6-8

例 8 一个物体从某一高处由静止自由下落,经时间 t 后它的速度为 $v=gt$,问经过 4 s 后,这个物体下落的距离是多少?(设 $g=10\ \mathrm{m/s^2}$,下落时物体离地面足够高)

解 物体自由下落是变速直线运动,故物体经过 4 s 后,下落的距离可用定积分计算

$$s(4)=\int_{0}^{4}v(t)dt=\int_{0}^{4}gt\,dt=\int_{0}^{4}10t dt=5t^2\Big|_{0}^{4}=80\ \mathrm{m}.$$

习 题 6.2

*1. 计算下列各题的导数:

(1) $F(x)=\int_{1}^{x}\sin t^4 dt$;　　(2) $F(x)=\int_{x}^{3}\sqrt{1+t^2}dt$;

(3) $F(x)=\int_{1}^{x^3}\ln t^2 dt$;　　(4) $F(x)=\int_{x^2}^{x^3}e^{-t}dt$.

*2. 求下列函数的极限:

(1) $\lim\limits_{x\to 0}\frac{\int_{0}^{x}\sin t dt}{x^2}$;　　(2) $\lim\limits_{x\to\infty}\frac{\int_{0}^{x}\left(1+\frac{1}{t}\right)^t dt}{x}$;　　(3) $\lim\limits_{x\to 0}\frac{\int_{0}^{x^2}(e^{\sqrt{t}}-1)dt}{x^3}$.

3. 计算下列各定积分:

(1) $\int_{1}^{2}x^2 dx$;　　(2) $\int_{1}^{27}\frac{1}{\sqrt[3]{x}}dx$;　　(3) $\int_{2}^{6}(x^2-1)dx$;

(4) $\int_0^1 e^x dx$；　(5) $\int_2^3 (x^2+\frac{1}{x}+4)dx$；　(6) $\int_0^{\frac{\pi}{2}} (3x+\sin x)dx$；

(7) $\int_0^{\frac{\pi}{2}} \cos x dx$；　(8) $\int_{\frac{\pi}{2}}^{\pi} \cos x dx$；　(9) $\int_0^{\pi} \cos x dx$；

(10) $\int_0^4 |x-2| dx$；　(11) $\int_0^1 \frac{x^2}{1+x^2}dx$；　(12) $\int_{-1}^0 \frac{3x^4+3x^2+1}{x^2+1}dx$.

4. 设 $f(x)=\begin{cases} x+1, & x\leqslant 1 \\ \frac{1}{2}x^2, & x>1 \end{cases}$，求$\int_0^2 f(x)dx$.

5. 求函数 $f(x)=\int_0^x (t-1)dt$ 的极值.

6.3　定积分的计算方法

牛顿-莱布尼茨公式揭示了定积分与不定积分的内在联系，即求原函数的增量. 我们知道计算不定积分的方法有换元积分法和分部积分法，下面我们讨论定积分的换元积分法和分部积分法.

6.3.1　定积分的换元积分法

1. 定积分的凑微分法

例 1　求 (1) $\int_0^{\frac{\pi}{4}} \cos(2x)dx$；　(2) $\int_0^{\frac{\pi}{2}} \sin^3 x\cos x dx$.

解　(1) $\int_0^{\frac{\pi}{4}} \cos(2x)dx = \frac{1}{2}\int_0^{\frac{\pi}{4}} \cos(2x)d(2x) = \frac{1}{2}\sin(2x)\Big|_0^{\frac{\pi}{4}}$

$$= \frac{1}{2}\sin\left(2\times\frac{\pi}{4}\right)-\frac{1}{2}\sin 0 = \frac{1}{2}.$$

(2) $\int_0^{\frac{\pi}{2}} \sin^3 x\cos x dx = \int_0^{\frac{\pi}{2}} \sin^3 x d\sin x = \frac{1}{4}\sin^4 x\Big|_0^{\frac{\pi}{2}} = \frac{1}{4}$.

从上面的例题可以看到：定积分的凑微分法虽然引入中间变量，是对中间变量的积分，但中间变量是关于自变量 x 的函数，其结果仍是关于自变量 x 的函数，因而定积分的凑微分法不必写出新的积分变量，也不需要改变定积分的上下限.

2. 定积分的第二类换元积分法

例 2　求$\int_0^4 \frac{dx}{1+\sqrt{x}}$.

解　**方法 1**　先求它的不定积分，用不定积分的换元积分法，令

$$\sqrt{x}=t，则\ t^2=x，dx=2tdt，$$

则 $$\int \frac{\mathrm{d}x}{1+\sqrt{x}} = \int \frac{2t\mathrm{d}t}{1+t} = 2\int\left(1-\frac{1}{1+t}\right)\mathrm{d}t = 2(t-\ln|1+t|)+C,$$

再将变量还原为 x

$$\int \frac{\mathrm{d}x}{1+\sqrt{x}} = 2(t-\ln|1+t|)+C = 2\left(\sqrt{x}-\ln\left|1+\sqrt{x}\right|\right)+C,$$

最后由牛顿-莱布尼茨公式得

$$\int_0^4 \frac{\mathrm{d}x}{1+\sqrt{x}} = 2\left(\sqrt{x}-\ln\left|1+\sqrt{x}\right|\right)\Big|_0^4 = 4-2\ln3.$$

方法 2 设$\sqrt{x}=t$,则 $t^2=x$,$\mathrm{d}x=2t\mathrm{d}t$,
当 $x=0$ 时,$t=0$,当 $x=4$ 时,$t=2$,

于是 $$\int_0^4 \frac{\mathrm{d}x}{1+\sqrt{x}} = \int_0^2 \frac{2t\mathrm{d}t}{1+t} = 2\int_0^2\left(1-\frac{1}{1+t}\right)\mathrm{d}t$$

$$= 2(t-\ln|1+t|)\Big|_0^2 = 2(2-\ln3).$$

比较上述两种方法,都使用了不定积分的第二类换元积分法.但方法 2 是以新积分变量 t 及其积分区间来进行计算的,避开了回代原变量的麻烦,要比方法 1 简单得多,方法 2 就是所谓的定积分的第二类换元积分法.由此得到如下定理:

定理 1 设函数 $f(x)$ 在区间$[a,b]$上连续,而且 $x=\varphi(t)$ 满足下列条件,

(1) $x=\varphi(t)$ 在$[\alpha,\beta]$上单调,并且导数 $\varphi'(t)$ 连续;

(2) $\varphi(\alpha)=a,\varphi(\beta)=b$;

(3) 当 t 在$[\alpha,\beta]$上变化时,$x=\varphi(t)$ 的值在$[a,b]$上变化,

则有:

$$\int_a^b f(x)\mathrm{d}x = \int_\alpha^\beta f[\varphi(t)]\varphi'(t)\mathrm{d}t.$$

上述公式称为**定积分的第二类换元积分公式**.

使用定积分的第二类换元法应注意:

用 $x=\varphi(t)$ 换元时,积分上、下限要将原来的积分变量 x 的上、下限换成相应新积分变量 t 的上、下限,换元后变成一个以 t 为积分变量的新定积分,运算后不必换回原积分变量.

例 3 计算$\int_{\ln3}^{\ln8}\sqrt{1+\mathrm{e}^x}\mathrm{d}x$.

解 令$\sqrt{1+\mathrm{e}^x}=t$,则 $x=\ln(t^2-1)$,$\mathrm{d}x=\frac{2t}{t^2-1}\mathrm{d}t$,

$$x=\ln3 \to t=2,$$
$$x=\ln8 \to t=3,$$

$$\int_{\ln3}^{\ln8}\sqrt{1+\mathrm{e}^x}\mathrm{d}x = \int_2^3 \frac{2t^2}{t^2-1}\mathrm{d}t = 2\int_2^3\left(1+\frac{1}{t^2-1}\right)\mathrm{d}t$$

$$= \left[2t + \ln\left|\frac{t-1}{t+1}\right|\right]\Big|_2^3 = 2 + \ln\frac{3}{2}.$$

例 4　求$\int_0^{\frac{\pi}{2}}\cos^5 x\sin x\mathrm{d}x$.

解　令 $t = \cos x$,则 $\mathrm{d}t = -\sin x\mathrm{d}x$,

$x = 0 \to t = 1$,

$x = \frac{\pi}{2} \to t = 0$,

$$\int_0^{\frac{\pi}{2}}\cos^5 x\sin x\mathrm{d}x = -\int_1^0 t^5\mathrm{d}t = \frac{t^6}{6}\Big|_0^1 = \frac{1}{6}.$$

此题也可用凑微分法来求解:

$$\int_0^{\frac{\pi}{2}}\cos^5 x\sin x\mathrm{d}x = -\int_0^{\frac{\pi}{2}}\cos^5 x\mathrm{d}\cos x = -\frac{\cos^6 x}{6}\Big|_0^{\frac{\pi}{2}} = \frac{1}{6}.$$

6.3.2　定积分的分部积分法

不定积分有分部积分的方法,对于定积分同样有分部积分法.

设 $u(x)$,$v(x)$ 在区间$[a,b]$上有连续导数,则有

$$\int_a^b u\mathrm{d}v = uv\Big|_a^b - \int_a^b v\mathrm{d}u.$$

这就是**定积分的分部积分公式**.

在定积分的分部积分法中,把先积出来的那一部分代入上下限先求值,余下的部分继续积分再求值.这种分部积分、分部求值的方法,比把原函数求出来再代入上下限求值简便一些.

注意:(1) 定积分中计算$\int_a^b v\mathrm{d}u$ 应比计算$\int_a^b u\mathrm{d}v$ 简单一些.

(2) 要及时地算出数值 $uv\Big|_a^b$,使书写简单一些.

例 5　计算$\int_0^1 xe^x\mathrm{d}x$.

解　$\int_0^1 xe^x\mathrm{d}x = \int_0^1 x\mathrm{d}e^x = xe^x\Big|_0^1 - \int_0^1 e^x\mathrm{d}x = e - e^x\Big|_0^1 = 1.$

例 6　计算$\int_1^2 x\ln x\mathrm{d}x$.

解　$\int_1^2 x\ln x\mathrm{d}x = \frac{1}{2}\int_1^2 \ln x\mathrm{d}x^2 = \frac{1}{2}x^2\ln x\Big|_1^2 - \frac{1}{2}\int_1^2 x\mathrm{d}x$

$$= 2\ln 2 - \frac{1}{4}x^2\Big|_1^2 = 2\ln 2 - \frac{3}{4}.$$

例 7　计算$\int_0^{\frac{\pi}{2}} x^2\cos x\mathrm{d}x$.

解　$\int_0^{\frac{\pi}{2}} x^2\cos x\mathrm{d}x = \int_0^{\frac{\pi}{2}} x^2\mathrm{d}\sin x = x^2\sin x\Big|_0^{\frac{\pi}{2}} - \int_0^{\frac{\pi}{2}} 2x\sin x\mathrm{d}x$

$$= \frac{\pi^2}{4} + 2\int_0^{\frac{\pi}{2}} x\mathrm{d}\cos x = \frac{\pi^2}{4} + 2x\cos x\Big|_0^{\frac{\pi}{2}} - 2\int_0^{\frac{\pi}{2}}\cos x\mathrm{d}x$$

$$= \frac{\pi^2}{4} - 2\sin x\Big|_0^{\frac{\pi}{2}} = \frac{\pi^2}{4} - 2.$$

例 8　计算$\int_0^1 \mathrm{e}^{\sqrt{x}}\mathrm{d}x$.

解　解此题先用换元积分法,后用分部积分法.

令$\sqrt{x} = t$,则 $x = t^2$,$\mathrm{d}x = 2t\mathrm{d}t$,

$$x = 0 \to t = 0,$$

$$x = 1 \to t = 1,$$

于是

$$\int_0^1 \mathrm{e}^{\sqrt{x}}\mathrm{d}x = 2\int_0^1 t\mathrm{e}^t\mathrm{d}t = 2\int_0^1 t\mathrm{d}\mathrm{e}^t$$

$$= 2\left(t\mathrm{e}^t\Big|_0^1 - \int_0^1 \mathrm{e}^t\mathrm{d}t\right) = 2\left(\mathrm{e} - \mathrm{e}^t\Big|_0^1\right)$$

$$= 2[\mathrm{e} - (\mathrm{e} - 1)] = 2.$$

定积分的换元积分法的核心是“换元换限”;分部积分法的要点是“先积先代值”,可使定积分计算快捷简便.

习　题　6.3

1. 计算下列定积分:

(1) $\int_0^1 \mathrm{e}^{2x}\mathrm{d}x$;　(2) $\int_0^1 (x+1)^3\mathrm{d}x$;　(3) $\int_0^{\frac{2\pi}{3}} \cos\left(x + \frac{\pi}{3}\right)\mathrm{d}x$;

(4) $\int_0^{\frac{\pi}{2}} \mathrm{e}^{\sin x}\cos x\mathrm{d}x$;　(5) $\int_1^{\mathrm{e}} \frac{\ln^3 x}{x}\mathrm{d}x$;　(6) $\int_0^2 \frac{x}{1+x^2}\mathrm{d}x$;

(7) $\int_0^1 \sqrt{4+5x}\mathrm{d}x$;　(8) $\int_0^{\frac{\pi}{2}} \frac{\cos x}{1+\sin x}\mathrm{d}x$;　(9) $\int_1^{\mathrm{e}} \frac{1+\ln x}{x}\mathrm{d}x$.

2. 计算下列定积分:

(1) $\int_0^3 \frac{x}{\sqrt{x+1}}\mathrm{d}x$;　(2) $\int_0^8 \frac{1}{1+\sqrt[3]{x}}\mathrm{d}x$;　(3) $\int_1^5 \frac{\sqrt{x-1}}{x}\mathrm{d}x$.

3. 计算下列定积分:

(1) $\int_0^2 x\mathrm{e}^x\mathrm{d}x$;　(2) $\int_0^{\pi} x\cos x\mathrm{d}x$;　(3) $\int_1^{\mathrm{e}} x\ln x\mathrm{d}x$;

(4) $\int_1^{\mathrm{e}} \ln x\mathrm{d}x$;　(5) $\int_0^{\frac{\pi}{2}} x\sin x\mathrm{d}x$;　*(6) $\int_0^{\pi} \mathrm{e}^x\cos x\mathrm{d}x$.

6.4　定积分的应用

前面我们讨论了定积分的概念及计算方法，在这个基础上进一步来研究它的应用. 利用定积分解决实际问题，常用的方法是微元法. 本节将运用微元法讨论一些几何图形的面积、空间立体的体积和平面曲线的弧长的计算方法.

6.4.1　几何图形的面积

我们在讨论曲边梯形面积问题和变速直线运动的路程的计算问题时，是采用分割、近似、求和、取极限四个步骤来建立所求量的积分式来解决的. 可简记为：

$$\Delta x_i \to f(\xi_i)\Delta x_i \to \sum_{i=1}^{n} f(\xi_i)\Delta x_i \to \lim_{\lambda\to 0}\sum_{i=1}^{n} f(\xi_i)\Delta x_i = \int_a^b f(x)\mathrm{d}x.$$

仔细观察上述四步可以看出，被积表达式的形式在第二步近似替代中就确定了. 只要将替代表达式 $f(\xi_i)\Delta x_i$ 中的符号作如下替换：

$$\xi_i \to x,\quad \Delta x_i \to \Delta x = \mathrm{d}x,$$

就得到被积表达式 $f(x)\mathrm{d}x$. 这就是面积的微元 $\mathrm{d}A$.

于是，对于能用定积分计算的量 A 来说：

(1) 根据问题的具体情况，选取一个变量(如 x) 为积分变量并确定它的变化区间 $[a,b]$；

(2) 取其中任意一个小区间并记作 $[x,x+\mathrm{d}x]$，求出相应于该小区间的部分量 ΔA 的近似值. 如果 ΔA 能近似地表示为 $[a,b]$ 上的一个连续函数在 x 处的值 $f(x)$ 与 $\mathrm{d}x$ 的乘积(误差是比 $\mathrm{d}x$ 高阶的无穷小)，如图 6-9 所示，称 $f(x)\mathrm{d}x$ 为 A 的**微元**，记作 $\mathrm{d}A$，即

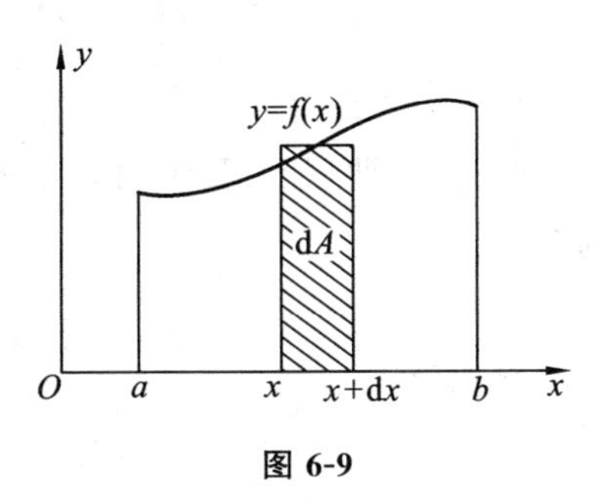

图 6-9

$$\mathrm{d}A = f(x)\mathrm{d}x.$$

(3) 以所求量 A 的微元 $f(x)\mathrm{d}x$ 为被积表达式，在 $[a,b]$ 上作定积分，得

$$A = \int_a^b f(x)\mathrm{d}x.$$

这就是所求量 A 的积分表达式. 这种方法通常称为**微元法**.

1. 曲线 $y = f(x)$，$x = a$，$x = b$ 及 x 轴所围成图形的面积

如果函数 $y = f(x)$ ($f(x) \geqslant 0$) 在区间上连续，则由微元法及定积分 $\int_a^b f(x)\mathrm{d}x$ 的几何意义可得，曲线 $y = f(x)$，$x = a$，$x = b$ 及 x 轴所围成图形的面积(见图 6-10) 为

$$A=\int_a^b f(x)\mathrm{d}x.$$

如果函数 $y=f(x)(f(x)<0)$(见图 6-11),则定积分$\int_a^b f(x)\mathrm{d}x<0$,这时积分代表曲边梯形面积的负值.因此,曲边梯形的面积为

$$A=-\int_a^b f(x)\mathrm{d}x.$$

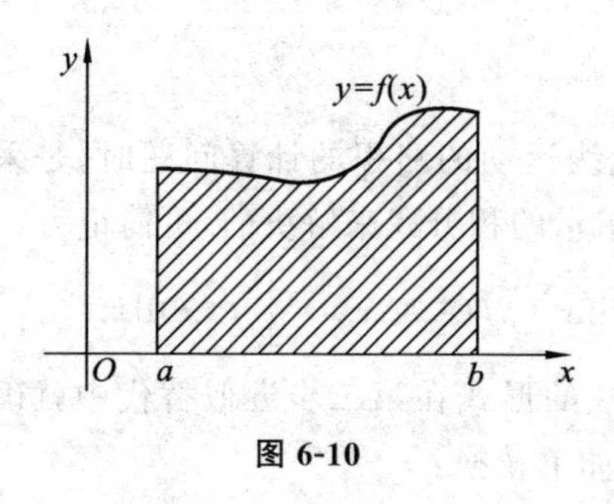

图 6-10

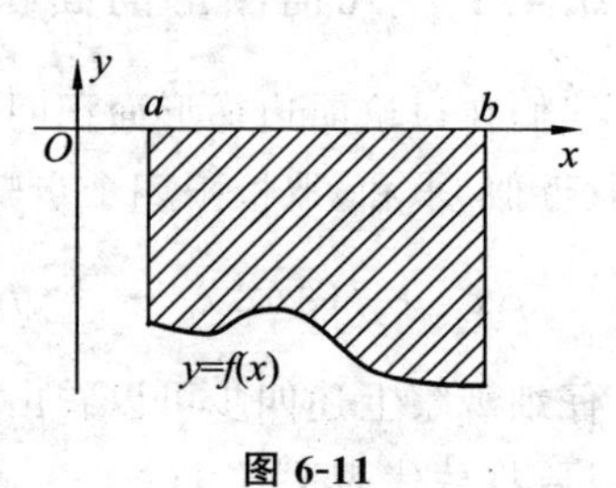

图 6-11

如果在$[a,b]$上函数 $y=f(x)$ 有时取正值有时取负值(见图 6-12),则曲边梯形的面积可表示为

$$A=\int_a^{c_1} f(x)\mathrm{d}x-\int_{c_1}^{c_2} f(x)\mathrm{d}x+\int_{c_2}^{b} f(x)\mathrm{d}x.$$

例 1 求曲线 $y=\mathrm{e}^x$,直线 $x=0,x=1$ 及 x 轴所围成的平面图形的面积.

解 作曲线所围成面积的草图,如图 6-13 所示,以 x 为变量,积分区间为$[0,1]$,

且
$$f(x)=\mathrm{e}^x>0,$$
所求面积为

$$A=\int_0^1 \mathrm{e}^x\mathrm{d}x=\mathrm{e}^x\Big|_0^1=\mathrm{e}-1.$$

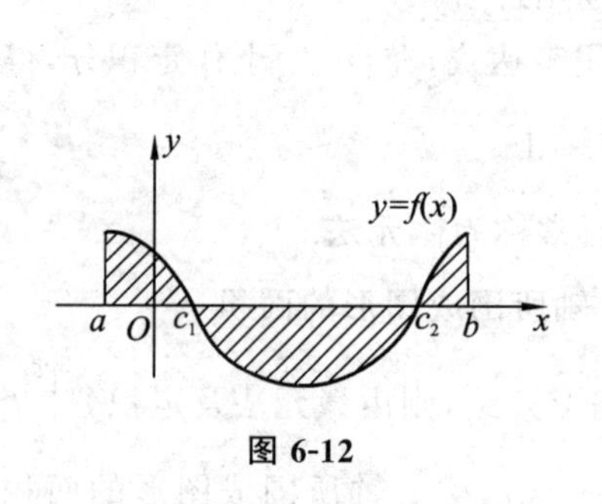

图 6-12

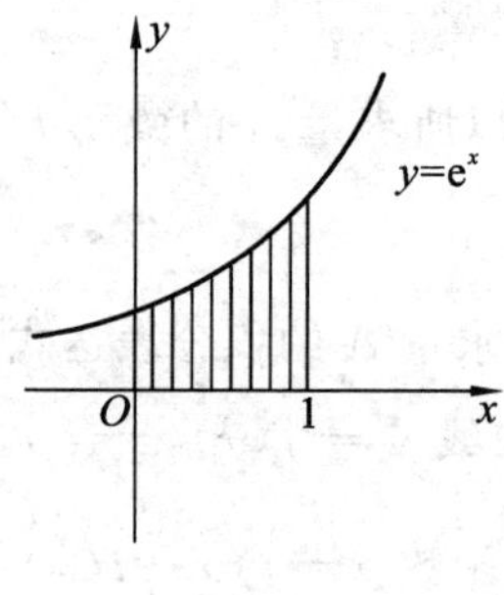

图 6-13

例 2 求曲线 $y=x^3$,直线 $x=-1,x=2$ 及 x 轴所围成的平面图形的面积.

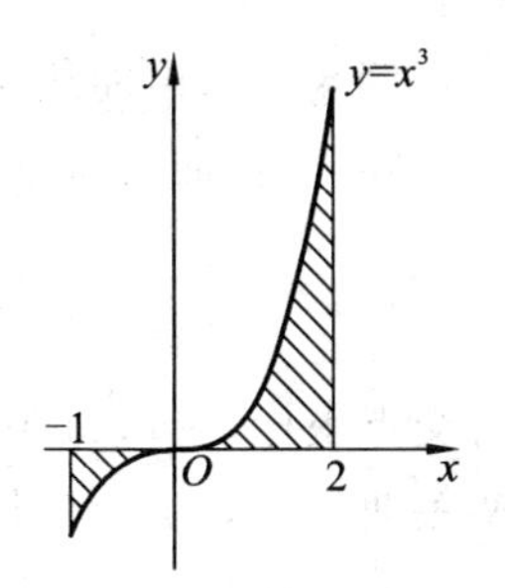

图 6-14

解　作曲线所围成面积的草图(见图 6-14),以 x 为变量,积分区间为 $[-1,2]$. 在 $[-1,0]$ 内 $f(x)\leqslant 0$,所求面积为

$$A=-\int_{-1}^{0}x^3\mathrm{d}x+\int_{0}^{2}x^3\mathrm{d}x$$
$$=-\frac{x^4}{4}\Big|_{-1}^{0}+\frac{x^4}{4}\Big|_{0}^{2}=\frac{1}{4}+\frac{16}{4}=\frac{17}{4}.$$

2. 由上、下两条曲线 $y=f(x)$,$y=g(x)(f(x)\geqslant g(x))$ 及 $x=a$,$x=b$ 所围成的图形的面积

如果在 $[a,b]$ 上总有 $f(x)\geqslant g(x)\geqslant 0$(见图 6-15),则由定积分的几何意义,曲线 $f(x)$ 与 $g(x)$ 所夹的面积 A 为

$$A=\int_{a}^{b}[f(x)-g(x)]\mathrm{d}x.$$

上面的公式对于图 6-16 所示的情况也成立. 事实上,如果在 $[a,b]$ 内函数值不全为正,可将 x 轴往下平移一段,使整个曲线都位于 x 轴上方,这时两个函数同增一个常数 C,它们的差

$$[f(x)+C]-[g(x)+C]=f(x)-g(x)$$

不变,从而得证.

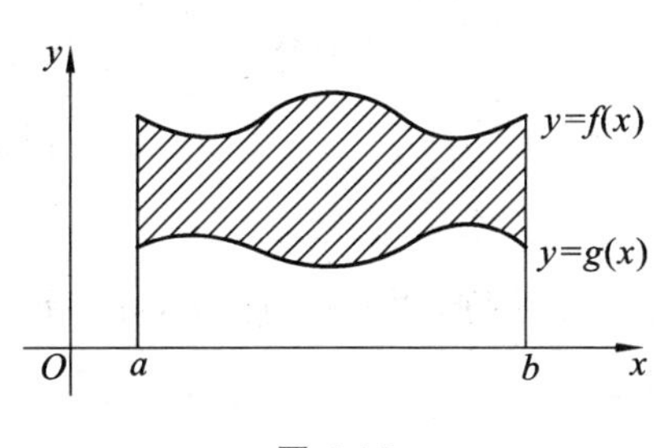

图 6-15

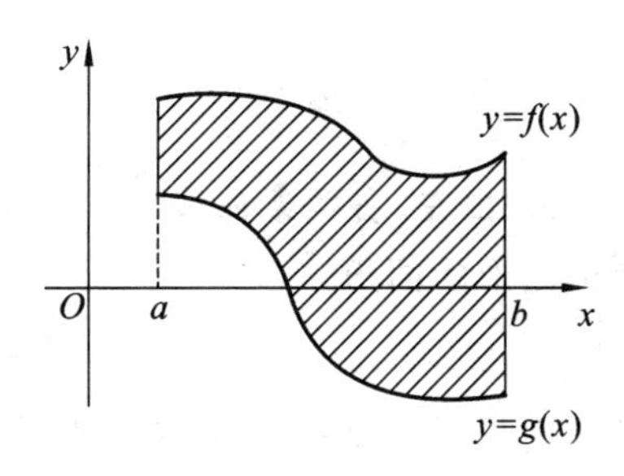

图 6-16

例 3　求两条抛物线 $y=x^2$,$y=\sqrt{x}$ 所围成的图形的面积.

解　作曲线所围成面积的草图,如图 6-17 所示,先确定图形所在范围,由

$$\begin{cases}y=x^2\\ y=\sqrt{x}\end{cases}$$

得交点坐标(0,0) 和(1,1),积分变量 x 的变化区间为 $[0,1]$,图形可以看成是两条曲线 $y=\sqrt{x}$ 与 $y=x^2$ 所夹的图形.

所求面积为

$$A=\int_{0}^{1}(\sqrt{x}-x^2)\mathrm{d}x=\left[\frac{2}{3}x^{\frac{3}{2}}-\frac{1}{3}x^3\right]\Big|_{0}^{1}=\frac{2}{3}-\frac{1}{3}=\frac{1}{3}.$$

例 4 求由曲线 $y=x^2$ 及直线 $y=x+2$ 所围成的平面图形的面积.

解 作曲线所围成面积的草图,如图 6-18 所示,先确定图形所在范围,由

$$\begin{cases} y=x^2 \\ y=x+2 \end{cases}$$

得交点坐标$(-1,1)$和$(2,4)$,积分变量 x 的变化区间为$[-1,2]$,图形可以看成是两条曲线 $y=x+2$ 与 $y=x^2$ 所夹的图形.

所求面积为

$$A=\int_{-1}^{2}(x+2-x^2)\mathrm{d}x=\left[\frac{1}{2}x^2+2x-\frac{1}{3}x^3\right]\Big|_{-1}^{2}=\frac{9}{2}.$$

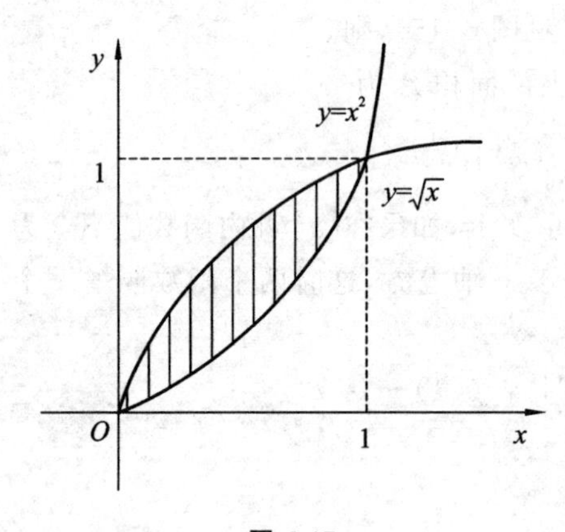

图 6-17

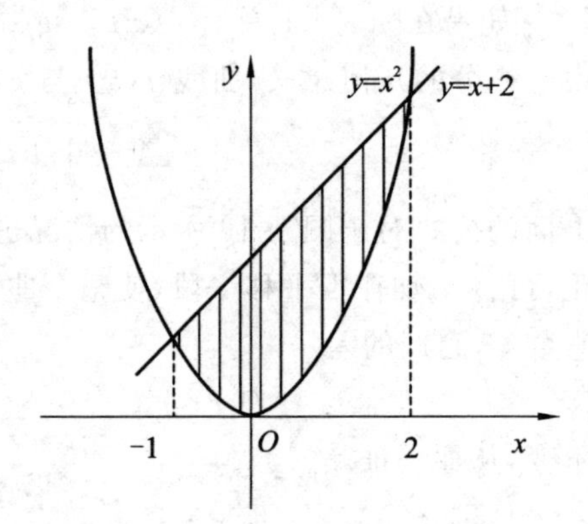

图 6-18

3. 由左、右两条曲线 $x=\varphi(y)$, $x=\psi(y)$ $(\varphi(y)\geqslant\psi(y))$ 及 $y=c$, $y=d$ 所围成的图形的面积

一条曲线 $x=\varphi(y)$ $(\varphi(y)\geqslant 0)$ 与 y 轴所围成的图形的面积(见图 6-19) 可以把 y 看成自变量,x 看成函数值,因此,所求面积为

$$A=\int_{c}^{d}\varphi(y)\mathrm{d}y.$$

同样地,两条曲线所夹的图形的面积为

$$A=\int_{c}^{d}[\varphi(y)-\psi(y)]\mathrm{d}y.$$

例 5 求曲线 $y=x^2$ $(x\geqslant 0)$,直线 $y=1$ 及 y 轴所围成的平面图形的面积.

解 作曲线所围成面积的草图,如图 6-20 所示,以 y 为自变量,因此,$y=x^2$ 变为 $x=\sqrt{y}$,对应 y 的积分区间为$[0,1]$,

所求面积为

$$A=\int_{0}^{1}\sqrt{y}\mathrm{d}y=\frac{2}{3}y^{\frac{3}{2}}\Big|_{0}^{1}=\frac{2}{3}.$$

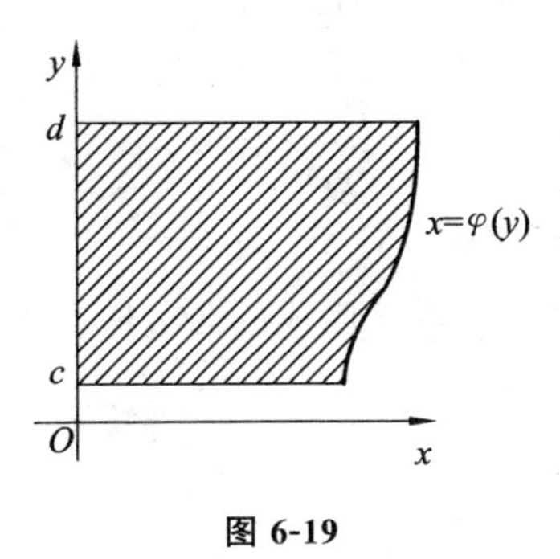

图 6-19

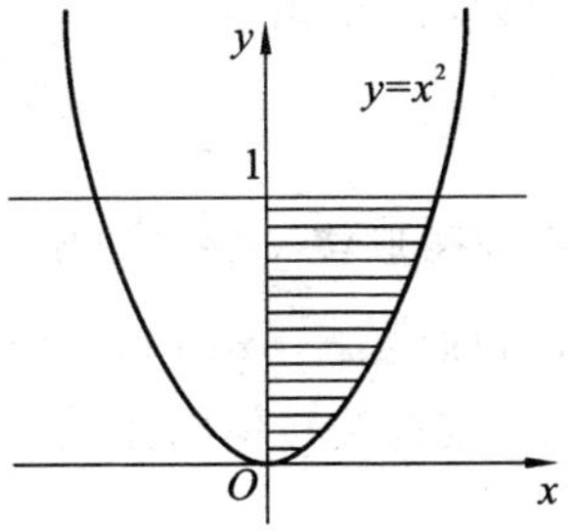

图 6-20

例 6　求由曲线 $y^2=2x$ 及直线 $y=x-4$ 所围成的平面图形的面积.

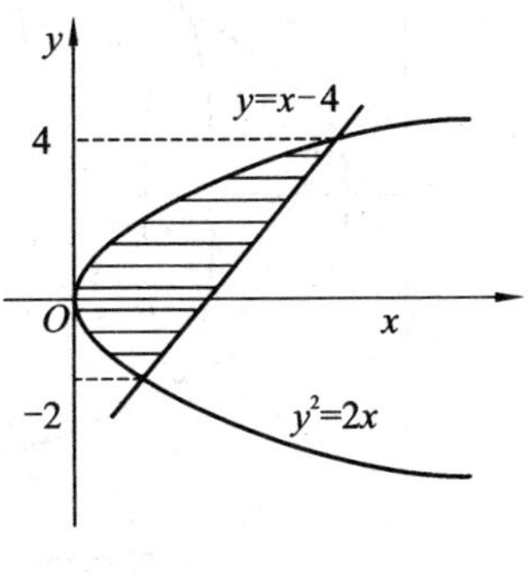

图 6-21

解　作曲线所围成面积的草图，如图 6-21 所示，先确定图形所在范围，由

$$\begin{cases} y^2=2x \\ y=x-4 \end{cases}$$

得交点坐标 $(2,-2)$ 和 $(8,4)$，取积分变量 y，它的变化区间为 $[-2,4]$，图形可以看成是两条曲线 $x=y+4$ 与 $x=\frac{1}{2}y^2$ 所围成的图形.

所求面积为

$$A=\int_{-2}^{4}\left(y+4-\frac{1}{2}y^2\right)\mathrm{d}y=\left[\frac{1}{2}y^2+4y-\frac{1}{6}y^3\right]\Bigg|_{-2}^{4}=18.$$

6.4.2　空间立体的体积

旋转体是由一个平面图形绕这个平面内的一条直线旋转一周而形成的几何体. 这条直线叫**旋转轴**.

例如，球体、圆柱体、圆台、圆锥、椭球体等都是常见的旋转体.

1. 平面图形绕 x 轴旋转所形成的旋转体的体积

由连续曲线 $y=f(x)$，直线 $x=a,x=b$ 及 x 轴所围成的曲边梯形绕 x 轴旋转一周而形成的旋转体的体积如图 6-22 所示.

分析求解如下：

在 $[a,b]$ 内任取一点 x 作垂直于 x 轴的平面，截面是半径为 $f(x)$ 的圆，其面积为 $A=\pi f^2(x)$，在 x 附近再取一点 $x+\mathrm{d}x$，再作截面，构成厚度为 $\mathrm{d}x$ 的圆柱体，形成体积微元，按圆柱体体积公式，可知体积微元为

$$\mathrm{d}V=\pi f^2(x)\mathrm{d}x,$$

故所求旋转体的体积为

$$V_x = \pi \int_a^b f^2(x)\mathrm{d}x.$$

2. 平面图形绕 y 轴旋转所形成的旋转体的体积

由连续曲线 $x=\varphi(y)$,直线 $y=c$,$y=d$ 及 y 轴所围成的曲边梯形绕 y 轴旋转一周而形成的旋转体的体积如图 6-23 所示.

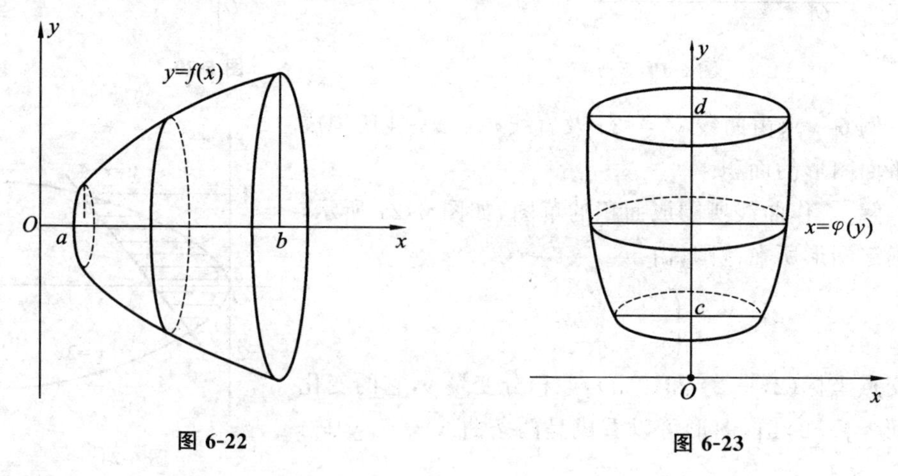

图 6-22　　图 6-23

同理可得体积微元为

$$\mathrm{d}V = \pi\varphi^2(y)\mathrm{d}y,$$

所求旋转体的体积为

$$V_y = \pi \int_c^d \varphi^2(y)\mathrm{d}y.$$

例 7　求 $y=x^2$ 及 $x=1$,$y=0$ 所围成的平面图形绕 x 轴旋转一周而形成的旋转体的体积.

解　旋转体如图 6-24 所示,取 x 为积分变量,变化区间为 $[0,1]$,体积微元为

$$\mathrm{d}V = \pi(x^2)^2\mathrm{d}x = \pi x^4\mathrm{d}x,$$

所求旋转体的体积为

$$V_x = \pi \int_0^1 x^4\mathrm{d}x = \frac{\pi}{5}x^5\Big|_0^1 = \frac{1}{5}\pi.$$

例 8　由连接坐标原点 O 及点 $P(r,h)$ 的直线,直线 $y=r$ 及 y 轴围成的一个直角三角形绕 y 轴旋转一周构成一个底半径为 r,高为 h 的圆锥体,计算该圆锥体的体积.

解　过原点 O 及 $P(r,h)$ 的直线方程为

$$x = \frac{r}{h}y.$$

取 y 为积分变量，它的变化区间为 $[0,h]$，作旋转体，如图 6-25 所示，

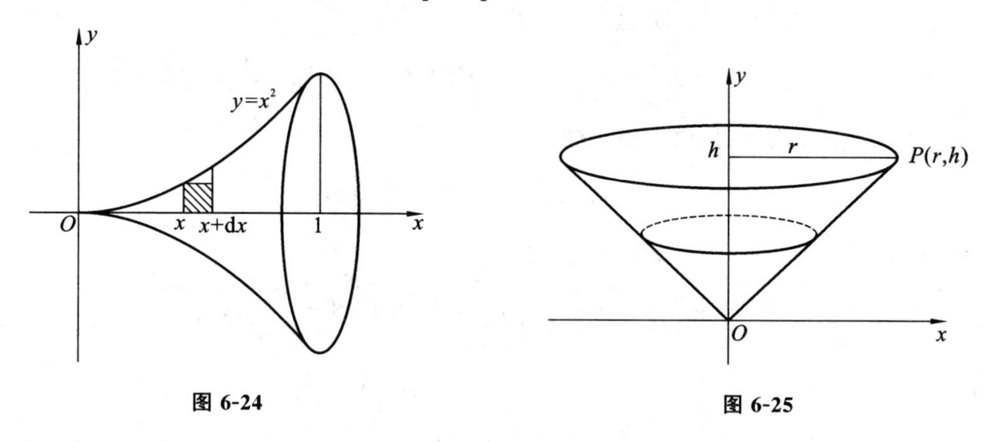

图 6-24　　　　图 6-25

则体积微元为

$$\mathrm{d}V = \pi\left[\frac{r}{h}y\right]^2\mathrm{d}y,$$

故所求旋转体的体积为

$$V_y = \pi\frac{r^2}{h^2}\int_0^h y^2\mathrm{d}y = \pi\frac{r^2}{h^2}\left[\frac{y^3}{3}\right]\Bigg|_0^h = \frac{\pi r^2 h}{3}.$$

例 9　求由椭圆 $\frac{x^2}{a^2}+\frac{y^2}{b^2}=1$ 分别绕 x 轴和 y 轴旋转而形成的旋转体的体积. 如图 6-26 所示.

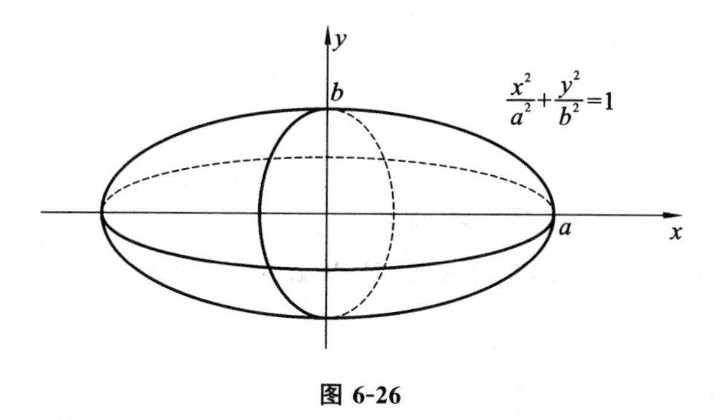

图 6-26

解　(1) 绕 x 轴旋转形成的旋转体可以看成由

$$y=\frac{b}{a}\sqrt{a^2-x^2}$$

及 x 轴围成的图形旋转一周而形成的旋转体的体积. 积分变量为 x，由于体积微元

$$\mathrm{d}V = \pi y^2\mathrm{d}x = \pi b^2\left(1-\frac{x^2}{a^2}\right)\mathrm{d}x,$$

所以，绕 x 轴旋转形成的旋转体的体积为

$$V_x = \pi b^2 \int_{-a}^{a} \left(1 - \frac{x^2}{a^2}\right) dx = 2\pi b^2 \int_0^a \left(1 - \frac{x^2}{a^2}\right) dx$$

$$= 2\pi b^2 \left(x - \frac{x^3}{3a^2}\right)\Big|_0^a = \frac{4}{3}\pi a b^2.$$

(2) 绕 y 轴旋转时,由于体积微元

$$dV = \pi x^2 dy = \pi a^2 \left(1 - \frac{y^2}{b^2}\right) dy,$$

所以绕 y 轴旋转形成的旋转体的体积为

$$V_y = \pi a^2 \int_{-b}^{b} \left(1 - \frac{y^2}{b^2}\right) dy = 2\pi a^2 \int_0^b \left(1 - \frac{y^2}{b^2}\right) dy$$

$$= 2\pi a^2 \left(y - \frac{y^3}{3b^2}\right)\Big|_0^b = \frac{4}{3}\pi a^2 b.$$

当 $a = b$ 时,旋转体就变成了半径为 a 的球体,它的体积为

$$V = \frac{4}{3}\pi a^3.$$

6.4.3　平面曲线的弧长

求曲线 $y = f(x)$ 上 x 从 A 到 B 的一段弧的长度,我们可用弧长微元来求解,如图 6-27 所示.

取 x 为积分变量,在 $[a,b]$ 上任取一子区间 $[x, x + dx]$,其上一小段弧长的长度用曲线在点 $(x, f(x))$ 处的切线上对应的一小段长度近似代替.则弧长微元为

$$ds = \sqrt{(dx)^2 + (dy)^2} = \sqrt{1 + y'^2}\, dx,$$

于是所求弧长为

$$s = \int_a^b \sqrt{1 + y'^2}\, dx.$$

例 10　求半圆 $y = \sqrt{a^2 - x^2}$ 的弧长.

解　作图 6-28,取 x 为积分变量,所以 x 的积分区间为 $[-a, a]$,

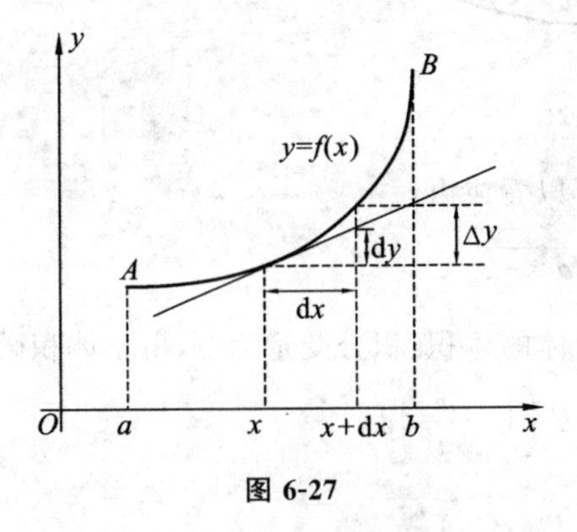

图 6-27

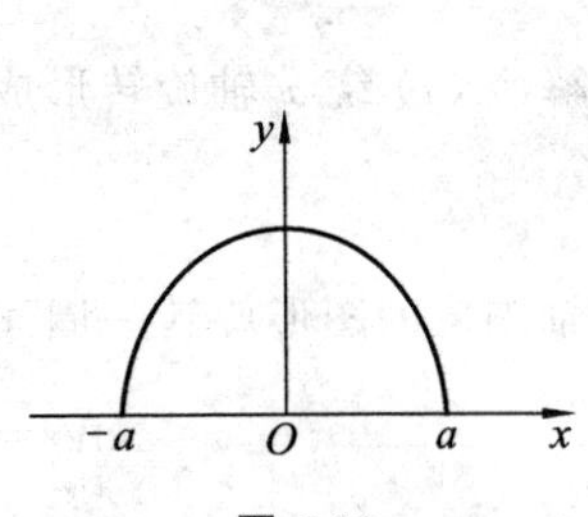

图 6-28

$$y' = \left(\sqrt{a^2 - x^2}\right)' = \frac{-x}{\sqrt{a^2 - x^2}}.$$

则弧长微元为

$$\mathrm{d}s = \sqrt{1 + y'^2}\mathrm{d}x = \sqrt{1 + \frac{x^2}{a^2 - x^2}}\mathrm{d}x = \frac{a}{\sqrt{a^2 - x^2}}\mathrm{d}x,$$

于是半圆的弧长为：$s = \int_{-a}^{a} \sqrt{1 + y'^2}\mathrm{d}x = \int_{-a}^{a} \frac{a}{\sqrt{a^2 - x^2}}\mathrm{d}x$

$$= a\arcsin\frac{x}{a}\Big|_{-a}^{a} = a[\arcsin 1 - \arcsin(-1)] = \pi a.$$

习　题　6.4(1)

1. 求由下列各组曲线所围成的平面图形的面积.

(1) $y = x^2, y = 0, x = 1$;　　(2) $y = x^3, y = 0, x = 1, x = 2$;

(3) $y = 1 - x^2, y = 0$;　　(4) $y = \mathrm{e}^x, y = 0, x = 1, x = 2$.

2. 求由下列各组曲线所围成的平面图形的面积.

(1) $y = x^2, y = 2 - x$;　　(2) $y = \sqrt{x}, y = x$;

(3) $y = x^2 - 2x + 3, y = x + 3$;　　(4) $y = \dfrac{1}{x}, y = x, x = 2$;

(5) $y = \mathrm{e}^x, y = \mathrm{e}^{-x}, x = 1$;　　(6) $x^2 + y^2 = 4, y = \dfrac{1}{3}x^2$.

3. 求由下列各组曲线所围成的平面图形的面积.

(1) $y = x^3, y = 1, y = 2, x = 0$;　　(2) $y = \ln x, y = 0, y = 1, x = 0$;

(3) $y^2 = x, y = x - 6$;　　(4) $y = x, xy = 1, y = 3$.

4. 求下列曲线所围成的平面图形，按指定的轴旋转所形成的旋转体的体积.

(1) $y = \sin x (0 \leqslant x \leqslant \pi)$ 与 x 轴所围成的图形绕 x 轴旋转；

(2) $y = \sqrt{x}, y = 0$ 与 $x = 1$ 所围成的图形绕 x 轴旋转；

(3) $y = \sqrt{x}, y = 1, x = 0$ 所围成的图形绕 y 轴旋转.

5. 求曲线 $y = \dfrac{2}{3}(x - 1)^{\frac{3}{2}}$ 上相应于 $1 \leqslant x \leqslant 2$ 的一段弧的长度.

*6.4.4　定积分的经济应用举例

前面已经介绍了将成本函数、收益函数、需求函数及利润函数经过求导运算就可得到相应的边际成本、边际收益、边际需求及边际利润. 作为导数的逆运算，通过对边际函数的积分，也可以求得相应的原函数，即成本函数、收益函数、需求函数及利润函数.

1. 成本函数

已知边际成本函数 $C' = C'(q)$，则当产量为 q 时，总成本函数 $C(q)$ 可用定积分表示为

$$C(q) = \int_0^q C'(t)\mathrm{d}t + C(0),$$

其中 $C(0)$ 为固定成本.

总成本函数 $C(q)$ 也可用不定积分表示，即

$$C(q) = \int C'(q)\mathrm{d}q,$$

其中积分常数将由所给的固定成本确定.

例 11　某企业生产某产品的边际成本为

$$C'(q) = q^2 + 10q + 100,$$

固定成本 $C(0) = 200$，求总成本函数.

解　用定积分求总成本函数为

$$\begin{aligned} C(q) &= \int_0^q C'(t)\mathrm{d}t + C(0) = \int_0^q (100 + 10t + t^2)\mathrm{d}t + 200 \\ &= 100q + 5q^2 + \frac{1}{3}q^3 + 200. \end{aligned}$$

用不定积分求总成本函数为

$$\begin{aligned} C(q) &= \int C'(q)\mathrm{d}q = \int (100 + 10q + q^2)\mathrm{d}q \\ &= 100q + 5q^2 + \frac{1}{3}q^3 + C. \end{aligned}$$

令 $q = 0$，得 $C(0) = C$，而 $C(0) = 200$，从而

$$C(q) = 100q + 5q^2 + \frac{1}{3}q^3 + 200.$$

当产量由 a 变到 b 时，总成本的改变量为

$$\Delta C = \int_a^b C'(q)\mathrm{d}q.$$

如上例中要求产量由10个单位变到20个单位时总成本的改变量，就可直接利用上式得

$$\begin{aligned} \Delta C &= \int_{10}^{20} C'(q)\mathrm{d}q = \int_{10}^{20} (100 + 10q + q^2)\mathrm{d}q \\ &= \left(100q + 5q^2 + \frac{1}{3}q^3\right)\Bigg|_{10}^{20} \approx 4833.3. \end{aligned}$$

2. 收益函数

已知边际收益为 $R' = R'(q)$，则总收益函数可表示为

$$R = \int_0^q R'(q)\mathrm{d}q.$$

当产量由 a 变到 b 时,总收益的改变量为

$$\Delta R = \int_a^b R'(q)\mathrm{d}q.$$

例 12　某产品的生产量为 q 时的边际收益为

$$R'(q) = 200 - \frac{q}{100}(q \geqslant 0).$$

(1) 求生产 50 个单位的总收益 R;

(2) 如果已经生产了 100 个单位,再生产 100 个单位总收益将增加多少?

解　(1) 生产 50 个单位时的总收益为

$$R(50) = \int_0^{50} R'(q)\mathrm{d}q = \int_0^{50}\left(200 - \frac{q}{100}\right)\mathrm{d}q$$
$$= \left(200q - \frac{q^2}{200}\right)\Bigg|_0^{50} = 9987.5.$$

(2) 已经生产 100 个单位,再生产 100 个单位,总收益的改变量为

$$\int_{100}^{200} R'(q)\mathrm{d}q = \int_{100}^{200}\left(200 - \frac{q}{100}\right)\mathrm{d}q$$
$$= \left(200q - \frac{q^2}{200}\right)\Bigg|_{100}^{200} = 19\ 850.$$

3. 总利润

因为边际利润等于边际收益减去边际成本,即 $L'(q) = R'(q) - C'(q)$,所以当产量为 q 时总利润为

$$L(q) = \int_0^q L'(q)\mathrm{d}q - C(0) = \int_0^q [R'(q) - C'(q)]\mathrm{d}q - C(0),$$

其中 $C(0)$ 为固定成本,而积分

$$\int_0^q [R'(q) - C'(q)]\mathrm{d}q$$

则是不计固定成本的总利润.

当产量由 a 变到 b 时,总利润的改变量为

$$\Delta L = \int_a^b [R'(q) - C'(q)]\mathrm{d}q.$$

例 13　某产品的总成本 C 的边际成本为 $C'(q) = 1$ 万元 / 台,总收益 R 的边际收益 $R'(q) = 5 - q$,q 为产量,固定成本为 1 万元. 求:

(1) 产量 q 等于多少时总利润最大?

(2) 利润最大时再生产 1 台,总利润增加多少?

解　(1) 因为 $C'(q) = 1$,$R'(q) = 5 - q$,所以

$$L'(q) = R'(q) - C'(q) = (5 - q) - 1 = 4 - q.$$

令 $L'(q)=0$,得 $q=4$. 又 $L''(q)=-1<0$,
从而当产量 $q=4$ 台时利润最大.

(2) 因为当产量 $q=4$ 台时利润最大,这时再增加 1 台,总利润的改变量为

$$\Delta L=\int_4^5 L'(q)\mathrm{d}q=\int_4^5(4-q)\mathrm{d}q$$
$$=\left(4q-\frac{1}{2}q^2\right)\Big|_4^5=-0.5\ \text{万元}.$$

这表明当利润达到最大时,产量再增加 1 台,总利润不但不能增加,反而还减少了 0.5 万元.

习　题　6.4(2)

1. 已知某商品的边际收益为 $-0.08x+25$,边际成本为 5 万元/t,求产量 x 从 250 t 增加到 300 t 时销售收益 $R(x)$,总成本 $C(x)$,利润 $L(x)$ 的改变量(增量).

2. 生产某产品的边际成本函数为 $C'(q)=3q^2-14q+100$,固定成本为 $C(0)=10\ 000$,求生产 q 个产品的总成本函数.

3. 已知生产某产品 q 个单位的边际收益为 $R'(q)=100-2q$,求:

(1) 生产 40 个单位时的总收益;

(2) 从生产 40 个单位到生产 50 个单位时的总收益改变量.

4. 若某产品的边际成本 $C'(q)=2$ 元/件,固定成本为零,边际收入为 $R'(q)=20-0.02q$. 问:

(1) 产量为多少时利润最大?

(2) 在取得最大利润后,若再生产 40 件产品,利润会发生什么变化?

谁是微积分的第一发明人

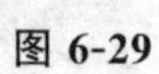
图 6-29

图 6-30

微积分学的创立是继欧几里得几何以后数学上最重要的创造. 众所周知,微积分基本定理又叫牛顿-莱布尼茨公式. 很多人都误以为该公式是英国大科学家牛顿(Isaac Newton,1643—1727 年,见图 6-29)和德国数学家莱布尼茨(Gottfried Wilhelm Leibniz,1646—1716 年,见图 6-30)共同合作研究的成果,认为他们是微积分学研究的合作者、创立者. 事实上,他们不是合作者,他们分别独立地建立了微积分的知识体系,都是最早创立微积分的人. 而牛顿与莱布尼茨两人谁先发明微积分的争论是数学界至今最大的公案.

从时间上看，1667年牛顿完成了代表发明微积分的《流数法》手稿并于1671年发表. 而莱布尼茨1674年完成了一套完整微分学的手稿，于1684年发表第一篇微分论文，论文中首次定义了微分概念，采用了微分符号 dx，dy. 1686年，他又发表了积分论文，讨论了微分与积分，使用了积分符号 $\int$. 从手稿完成的时间看，牛顿比莱布尼茨早了七年，但莱布尼茨的微积分发明比牛顿的更完善. 莱布尼茨的笔记本记录了他的思想从初期到成熟的整个发展过程；而在牛顿已知的记录中只发现了他最终的结果. 牛顿声称他一直不愿公布他的微积分学，是因为他怕被人们嘲笑. 受制于当时的通信条件和学术交流条件，莱布尼茨完全是在独立的情况下发明微积分的.

从内容和形式上看，牛顿是从物理学出发，运用集合方法研究微积分，其应用上更多地结合了运动学，其造诣高于莱布尼茨. 而莱布尼茨则从几何问题出发，运用分析学方法引进微积分概念，得出运算法则，其数学的严密性与系统性是牛顿所不及的. 莱布尼茨认识到好的数学符号能节省思维劳动，掌握运用符号的技巧是数学成功的关键之一. 因此，他所创设的微积分符号远远优于牛顿的符号，这对微积分的发展有极大影响. 莱布尼茨在去世前的几年间(1714年—1716年)，起草了《微积分的历史和起源》一文(该文直到1846年才被发表)，总结了自己创立微积分学的思路，说明了自己成就的独立性. 因此，后来人们公认牛顿和莱布尼茨是各自独立地创建微积分的. 牛顿和莱布尼茨都是最早创立微积分的人.

谁是微积分的第一发明人成为当时数学界的争论焦点. 说是牛顿首先发明的也没错，因为从发明时间上看牛顿确实比莱布尼茨早. 更由于牛顿比莱布尼茨的声望更高，影响更大，于是，英国数学家指责莱布尼茨是剽窃者. 1695年，英国学者宣称：微积分的发明权属于牛顿. 但牛顿是在莱布尼茨公布自己的发明之后才站出来的，谁也无法证明莱布尼茨有没有看过牛顿的手稿. 1699年又改口称：牛顿是微积分的"第一发明人". 1699年初，英国皇家学会的成员们(牛顿也是其成员)指控莱布尼茨剽窃了牛顿的成果，争论在1711年全面爆发. 1712年，英国皇家学会成立了一个委员会调查此案. 1713年初，牛顿所在的英国皇家学会发布公告："确认牛顿是微积分的第一发明人". 调查表明了牛顿才是真正的发现者，而莱布尼茨被斥为骗子. 但在后来，发现该调查中给莱布尼茨所下的结论竟然是由牛顿本人撰写的，因此该调查遭到了质疑. 这导致了激烈的牛顿与莱布尼茨的微积分学论战. 莱布尼茨直至去世后的几年都受到了冷遇. 但莱布尼茨的符号和"微分法"的先进性被欧洲大陆全面地采用. 由于对牛顿的盲目崇拜，英国学者长期固守于牛顿的"流数术"，只用牛顿的"流数"符号，不屑采用莱布尼茨更优越的符号，最终导致英国的数学脱离了数学发展的时代潮流长达一百多年，直到1820年才愿意承认其他国家的数学成果，重新加入国际主流.

参考答案

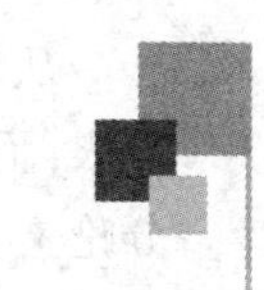

习题 1.1

1. (1) $\notin$； (2) $\in$； (3) $\in$.

2. (1) $\{m,a,t,h,e,i,c,s\}$； (2) $\{0,1,-3\}$； (3) $\{-2,-1,0,1,2\}$.

3. (1) $A \subset B$； (2) $E \supset F$.

习题 1.2

(1) $\left(x+\frac{1}{2}\right)^2$； (2) $(2x+1)^2$； (3) $(x+2)(x+5)$；

(4) $(x-2)(x+9)$； (5) $(2y-1)(y-3)$； (6) $(5x-4y)(x+2y)$.

习题 1.3

1. (1)$\{x \mid x<1\}$； (2) $\{x \mid x>\frac{1}{2}\}$.

2. (1) $\{x \mid -1<x<2\}$； (2) $\{x \mid x<-1$ 或 $x>3\}$；

(3) $\{x \mid x<-\frac{5}{2}$ 或 $x>1\}$； (4) $\{x \mid 2<x<4\}$.

3. (1)$\{x \mid -4<x<4\}$； (2) $\{x \mid x<-2$ 或 $x>2\}$.

4. (1)$a=3,b=6$.

习题 2.1 ～ 2.4

1. (1)x^{-2}； (2) $x^{\frac{2}{3}}$； (3) $x^{-\frac{1}{3}}$； (4) $x^{-\frac{1}{6}}$； (5) $(a+b)^{\frac{3}{4}}$.

2. (1) $a^{\frac{29}{24}}$； (2) $a^{\frac{2}{3}}$； (3) x^3y^{-2}.

3. (1) $\log_2 8=3$； (2) $\log_3 81=4$； (3) $\log_2 \frac{1}{8}=-3$； (4) $\log_{7.6} 1=0$；

(5) $\log_4 2=\frac{1}{2}$； (6) $\log_{27} \frac{1}{3}=-\frac{1}{3}$.

4. (1) 2； (2) -3； (3) -4； (4) 2； (5) -2； (6) 0.

5. 略.

习题 2.5

1. (1) $\sin\alpha=\frac{1}{2}$ $\cos\alpha=\frac{\sqrt{3}}{2}$ $\tan\alpha=\frac{\sqrt{3}}{3}$ $\cot\alpha=\sqrt{3}$ $\sec\alpha=\frac{2}{\sqrt{3}}$ $\csc\alpha=2$；

(2) $\sin\alpha=\frac{\sqrt{2}}{2}$ $\cos\alpha=\frac{\sqrt{2}}{2}$ $\tan\alpha=1$ $\cot\alpha=1$ $\sec\alpha=\sqrt{2}$ $\csc\alpha=\sqrt{2}$；

(3) $\sin\alpha=-\dfrac{3}{\sqrt{13}}$　$\cos\alpha=\dfrac{2}{\sqrt{13}}$　$\tan\alpha=-\dfrac{3}{2}$　$\cot\alpha=-\dfrac{2}{3}$　$\sec\alpha=\dfrac{\sqrt{13}}{2}$

$\csc\alpha=-\dfrac{\sqrt{13}}{3}$；

(4) $\sin\alpha=\dfrac{1}{\sqrt{2}}$　$\cos\alpha=-\dfrac{1}{\sqrt{2}}$　$\tan\alpha=-1$　$\cot\alpha=-1$　$\sec\alpha=-\sqrt{2}$　$\csc\alpha=\sqrt{2}$.

2. (1) $\dfrac{1}{2}$　$\dfrac{\sqrt{3}}{2}$　$\dfrac{\sqrt{3}}{3}$；(2) $\dfrac{\sqrt{2}}{2}$　$\dfrac{\sqrt{2}}{2}$　1.

3. $\sin\alpha=\dfrac{\sqrt{5}}{\sqrt{6}}$　$\cos\alpha=\dfrac{1}{\sqrt{6}}$　$\cot\alpha=\dfrac{1}{\sqrt{5}}$　$\sec\alpha=\sqrt{6}$　$\csc\alpha=\dfrac{\sqrt{6}}{\sqrt{5}}$.

4. (1) -3；(2) $\dfrac{1}{2}$；(3) 1；(4) 0；(5) 1.

5. 略.

6. 略.

习题 2.6

1. (1) $30°$或$\dfrac{\pi}{6}$；(2) $45°$或$\dfrac{\pi}{4}$；(3) $45°$或$\dfrac{\pi}{4}$；(4) $30°$或$\dfrac{\pi}{6}$.

2. (1) $x=\arccos\dfrac{2}{3}$；(2) $x=\arcsin 0.3147$；(3) $x=\arctan\sqrt{3}$；

(4) $x=\arccos a$；(5) $x=\arctan 2$；(6) $x=\arcsin 1$；

(7) $x=\arccos 0.8065$；(8) $x=\arctan 0$.

3. (1) $\dfrac{\pi}{2}$或$90°$；(2) $\dfrac{\pi}{3}$或$60°$；(3) $\dfrac{\pi}{2}$或$90°$；(4) $\dfrac{\pi}{6}$或$30°$；

(5) $\dfrac{\pi}{4}$或$45°$；(6) $\dfrac{\pi}{4}$或$45°$；(7) $\dfrac{\pi}{6}$或$30°$；(8) 0.

习题 2.7

1. (1) $y=\ln\sqrt{x}$；(2) $y=\sin^2 x$；(3) $y=(1+x)^{\frac{2}{3}}$；(4) $y=\arcsin(1-x)$.

2. (1) $y=\sin u, u=\dfrac{3x}{2}$；(2) $y=\cos u, u=\sqrt{x}$；

(3) $y=\ln u, u=\cos x$；(4) $y=e^u, u=\tan x$.

习题 3.1

1. (1) 0；(2) 1；(3) 1；(4) 1；(5) 0；(6) 不存在.

2. (1) 0；(2) 0；(3) 2；(4) 1；(5) 0；(6) 1；(7) 1；(8) $\dfrac{\pi}{2}$.

3. (1) 3；(2) 1；(3) 1；(4) $\dfrac{1}{4}$；(5) -2；(6) -2.

4. 不存在.

5. (1) 2; (2) 3; (3) 不存在.

6. $\lim\limits_{x\to 0^-} f(x) = -1, \lim\limits_{x\to 0^+} f(x) = 1, \lim\limits_{x\to 0} f(x)$ 不存在.

7. 1, 0^+, $+\infty$.

8. (1) 无穷大; (2) 无穷小; (3) 无穷小; (4) 无穷大; (5) 无穷大; (6) 无穷小.

习题 3.2

1. (1) 2; (2) $\frac{2}{3}$; (3) 1; (4) $\frac{1}{2}$; (5) 0; (6) ∞; (7) 0; (8) 2; (9) $-\frac{1}{2}$.

2. (1) 5; (2) $\frac{3}{2}$; (3) 3; (4) 1; (5) e^{-1}; (6) e^5; (7) e^{-2}; (8) e^2.

*3. (1) 2; (2) $\frac{1}{2a}$; (3) e^5; (4) e^3; (5) e; (6) 4; (7) $\frac{a+b}{2}$; (8) $-\frac{1}{x^2}$; (9) $\frac{1}{2}$.

习题 3.3

1. $f(a)$. 2. 不连续. 3. 连续.

4. (1) 无穷间断点; (2) 可去间断点; (3) 连续; (4) 跳跃间断点.

5. (1) $x = 1$ 是可去间断点, $x = 2$ 是无穷间断点;
(2) $x = 1$ 是跳跃间断点;
(3) $x = 0$ 是振荡间断点.

6. $a = 4, b = -2$.

7. $a = b = 2$.

8. (1) $\sqrt{5}$; (2) 3; (3) $-\frac{1+e^{-2}}{2}$; (4) $-\frac{\sqrt{2}}{2}$.

习题 4.1

1. (1) $100x^{99}$; (2) $-\frac{5}{x^6}$; (3) $\frac{1}{2\sqrt{x}}$; (4) $\frac{1}{x\ln 2}$; (5) $-\sin x$; (6) $3^x\ln 3$; (7) $\frac{1}{x}$; (8) $\cos x$.

2. (1) 2, 10; (2) $-\frac{1}{4}$; (3) 0; (4) 1.

3. 12, 0.

4. $y'=\frac{1}{3}x^{-\frac{2}{3}}$, $y=\frac{1}{3}x+\frac{2}{3}$.

5. $y=x-\frac{1}{4}$.

6. (1) 7 m/s； (2) 12 m/s.

习题 4.2

1. (1) $16x$； (2) 2； (3) $6x^2+1$； (4) $12x^3-4$； (5) $12x+1$；

(6) $5x^4-8x$； (7) $3x^2-3+\frac{1}{2\sqrt{x}}$； (8) $\frac{1}{3}+\frac{3}{x^2}+\frac{1}{2\sqrt{x}}-\frac{1}{2x\sqrt{x}}$；

(9) $4e^x-3\sin x$； (10) $\frac{3}{x}-5\cos x$； (11) $2\cos x-3\sin x-4\sec^2 x$；

(12) $\frac{1}{\sqrt{1-x^2}}+\frac{1}{1+x^2}$； (13) $e^x(\sin x+\cos x)$； (14) $2x\ln x+x$；

(15) $2x\arctan x+1$； (16) $\frac{1}{1+\cos x}$.

2. (1) $-3\sin(3x-5)$； (2) $\frac{5}{5x+8}$； (3) $20(2x+1)^9$； (4) $-3e^{-3x}$；

(5) $\frac{2x}{1+x^2}$； (6) $-\sin x e^{\cos x}$； (7) $\frac{e^x}{2\sqrt{1+e^x}}$； (8) $\frac{1}{2\sqrt{x(1-x)}}$；

(9) $2x\arctan\frac{1}{x}-\frac{x^2}{1+x^2}$； (10) $2\cos(2x+3)+2x\sec^2 x^2$；

(11) $-\frac{4x}{\sqrt{1-4x^2}}\arcsin(2x)+2$； (12) $6x(1+\sin x^2)^2\cos x^2$；

(13) $-2x\tan x^2$.

习题 4.3

1. (1) $y'=\frac{e^y}{1-xe^y}$； (2) $y'=\frac{a^2y-x^2}{y^2-a^2x}$； (3) $y'=-\frac{\sin(x+y)}{1+\sin(x+y)}$.

2. (1) $y'=x^x(\ln x+1)$； (2) $y'=(1+x^2)^x\left[\ln(1+x^2)+\frac{2x^2}{1+x^2}\right]$；

(3) $y'=\frac{(x+1)^3(x-2)^{\frac{1}{4}}}{(x-3)^{\frac{2}{5}}}\left[\frac{3}{1+x}+\frac{1}{4(x-2)}-\frac{2}{5(x-3)}\right]$.

3. (1) $\frac{dy}{dx}=3t$； (2) $\frac{dy}{dx}=\frac{\sin t+t\cos t}{\cos t-t\sin t}$.

4. (1) $y''=-\csc^2 x$； (2) $y''=4e^{-2x}$； (3) $y''=2\ln x+3$.

*5. (1) $y^{(n)}=(-1)^n\frac{n!}{(x-2)^{n+1}}$； (2) $y^{(n)}=2^{n-1}\sin\left[\frac{(n-1)\pi}{2}+2x\right]$；

(3) $y^{(n)} = \begin{cases} \ln x + 1, n = 1 \\ (-1)^n \dfrac{(n-2)!}{x^{n-1}}, n \geqslant 2 \end{cases}$.

习题 4.4

1. (1) $\mathrm{d}y = \dfrac{1}{2\sqrt{1+x}}\mathrm{d}x$； (2) $\mathrm{d}y = (\sin x + x\cos x)\mathrm{d}x$； (3) $\mathrm{d}y = \mathrm{e}^{\sin x}\cos x\mathrm{d}x$；

(4) $\mathrm{d}y = \omega\cos(\omega x + \varphi_0)\mathrm{d}x$； (5) $\mathrm{d}y = \dfrac{2\ln x}{x}\mathrm{d}x$； (6) $\mathrm{d}y = (\ln x + 1)\mathrm{d}x$.

2. (1) $2x + C$； (2) $\dfrac{3}{2}x^2 + C$； (3) $\sin t + C$； (4) $-\dfrac{1}{\omega}\cos\omega t + C$；

(5) $\ln|1+x| + C$； (6) $-\dfrac{1}{2}\mathrm{e}^{-2x} + C$.

*3. (1) 0.5151； (2) 10.0003.

习题 4.5

1. 递增.
2. <0.
3. (1) 递增区间:$(-\infty,1)$.　递减区间:$(1,+\infty)$.
(2) 递增区间:$(-1,1)$.　递减区间:$(-\infty,-1)$和$(1,+\infty)$.
(3) 递增区间:$(-1,+\infty)$.　递减区间:$(-\infty,-1)$.
(4) 递增区间:$(-1,1)$.　递减区间:$(-\infty,-1)$和$(1,+\infty)$.
4. (1) 凹区间:$(0,+\infty)$.　凸区间:$(-\infty,0)$.　拐点:$(0,0)$.
(2) $a>0$时,凹区间:$(-\infty,+\infty)$. $a<0$时,凸区间:$(-\infty,+\infty)$.没有拐点.
(3) 凸区间:$(0,+\infty)$.没有拐点.
(4) 凸区间:$(0,\pi)$.凹区间:$(\pi,2\pi)$.拐点:$(\pi,0)$.
5. (1) $x=-1$时,有极大值28;$x=2$时,有极小值1.
(2) $x=0$时,有极小值0.
(3) $x=-1$时,有极大值$-\dfrac{1}{2}$;$x=1$时,有极小值$\dfrac{1}{2}$.
(4) $x=0$时,有极小值$\mathrm{e}+\dfrac{1}{\mathrm{e}}$.
6. (1) 最大值$f(2)=4$,　最小值$f(-1)=-5$;
(2) 最大值$f(3)=11$,　最小值$f(2)=-14$.
7. 两数相等时.　8. 6小时.　9. 1 cm.　*10. 1∶1.　*11. $a=2,b=6$.

习题 4.6

(1) 3； (2) $\dfrac{5}{3}$； (3) -2； (4) 2； (5) 0； (6) $\dfrac{2}{3}$； (7) 0； (8) ∞；

*(9) ∞； *(10) $\frac{2}{\pi}$； *(11) $\frac{1}{2}$； *(12) $\frac{1}{2}$.

习题 4.7

1. 3000.

2. (1) $L(x)=-x^2+38x-100$；

(2) 月产量为 19 件时，最大利润为 261 万元.

3. $P=500, Q=4000$.

习题 5.1

1. (1) 否； (2) 是； (3) 是； (4) 否； (5) 否.

2. (1) $\frac{1}{100}x^{100}+C$； (2) $-\frac{1}{2}x^{-2}+C$； (3) $\frac{2}{3}x^{\frac{3}{2}}+C$；

(4) $x-x^3+C$； (5) $\frac{3}{4}x^{\frac{4}{3}}-2x^{\frac{1}{2}}+C$； (6) $\frac{x^2}{4}-\ln|x|-\frac{3}{2}x^{-2}+\frac{4}{3}x^{-3}+C$；

(7) $2^x\ln 2+\frac{x^3}{3}+C$； (8) $\frac{2}{3}x^{\frac{3}{2}}-2x+C$； (9) $4e^x-5\cos x+C$；

(10) $-\frac{2}{3}x^{-\frac{3}{2}}+C$； (11) $x-2\ln|x|-\frac{1}{x}+C$； (12) $\frac{2}{5}x^{\frac{5}{2}}-2x^{\frac{3}{2}}+C$；

(13) $\frac{x}{5}-\frac{1}{5}\arctan x+C$.

习题 5.2

1. (1) $\frac{1}{12}$； (2) -2； (3) $\frac{1}{2}$； (4) $\frac{1}{3}$.

2. (1) $\frac{1}{3}\sin 3x+C$； (2) $-\frac{2}{3}\cos\frac{3}{2}x+C$； (3) $-e^{-x}+C$；

(4) $\frac{1}{4}(x-2)^4+C$； (5) $\frac{1}{3}\ln|4+3x|+C$； (6) $-\frac{1}{3(4+3x)}+C$；

(7) $\frac{1}{3}e^{3x-5}+C$； (8) $\frac{1}{5}\sin(5x-7)+C$； (9) $\frac{1}{3}(2x+1)^{\frac{3}{2}}+C$；

(10) $\sin e^x+C$； (11) $\frac{1}{3}\sin^3 x+C$； (12) $\frac{1}{3}\ln^3 x+C$；

(13) $\frac{1}{3}e^{x^3}+C$； (14) $-e^{\cos x}+C$； (15) $\frac{1}{2}\arctan x^2+C$；

(16) $-\frac{1}{\sqrt{2x-1}}+C$； (17) $-\frac{1}{2}\cos(x^2+1)+C$.

3. (1) $\frac{2}{3}(\sqrt{x-1})^3+2\sqrt{x-1}+C$； (2) $\frac{2}{5}(\sqrt{x+2})^5-\frac{4}{3}(\sqrt{x+2})^3+C$；

(3) $2\sqrt{x-1}-2\arctan\sqrt{x-1}+C$； (4) $2\sqrt{x}-2\ln|1+\sqrt{x}|+C$.

习题 5.3

1. (1) $xe^x - e^x + C$； (2) $-x\cos x + \sin x + C$；

(3) $\frac{x^3}{3}\ln x - \frac{x^3}{9} + C$； (4) $-\frac{1}{x}\ln x - \frac{1}{x} + C$；

(5) $x\ln x - x + C$； (6) $x\ln(x+1) - x + \ln(x+1) + C$；

(7) $x^2\sin x + 2x\cos x - 2\sin x + C$； (8) $\ln x \cdot \ln x - \ln x + C$；

(9) $\sqrt{1-x^2} + x\arcsin x + C$； (10) $-xe^{-x} - e^{-x} + C$；

(11) $\frac{1}{2}e^x\cos x + \frac{1}{2}e^x\sin x + C$； (12) $xf'(x) - f(x) + C$.

2. $xf(x) - F(x) + C$.

3. $xe^{-x} + e^{-x} + C$.

习题 6.1

1. (1) 1； (2) 2π； (3) 10； (4) 6； (5) $2+\pi$； (6) 1.

2. (1) $\int_{-2}^{2} f(x)\mathrm{d}x$； (2) $\int_{x}^{x+\Delta x} f(x)\mathrm{d}x$.

3. (1) 正； (2) 负； (3) 正； (4) 负.

4. (1) $\int_0^{\frac{\pi}{2}} x\mathrm{d}x \geqslant \int_0^{\frac{\pi}{2}} \sin x\mathrm{d}x$； (2) $\int_0^1 e^x\mathrm{d}x \geqslant \int_0^1 (1+x)\mathrm{d}x$.

5. (1) $2 \leqslant \int_1^2 (x^2+1)\mathrm{d}x \leqslant 5$； (2) $\frac{3\pi}{2} \leqslant \int_0^{\frac{3\pi}{2}} (1+\cos^2 x)\mathrm{d}x \leqslant 3\pi$.

6. $\bar{v} = 12$ m/s.

习题 6.2

*1. (1) $\sin x^4$； (2) $-\sqrt{1+x^2}$； (3) $3x^2\ln x^6$； (4) $3x^2e^{-x^3} - 2xe^{-x^2}$.

*2. (1) $\frac{1}{2}$； (2) e； (3) $\frac{2}{3}$.

3. (1) $\frac{7}{3}$； (2)12； (3) $\frac{196}{3}$； (4) $e-1$； (5) $\frac{31}{3}+\ln 3-\ln 2$； (6) $\frac{3}{8}\pi^2+1$；

(7) 1； (8) -1； (9) 0； (10) 4； (11) $1-\frac{\pi}{4}$； (12) $1+\frac{\pi}{4}$.

4. $\frac{8}{3}$.

5. $x=1$ 时，有极小值 $f(1) = -\frac{1}{2}$.

习题 6.3

1. (1) $\frac{e^2-1}{2}$； (2) $\frac{15}{4}$； (3) $-\frac{\sqrt{3}}{2}$； (4) $e-1$； (5) $\frac{1}{4}$； (6) $\frac{\ln 5}{2}$；

(7) $\frac{38}{15}$； (8) ln2； (9) $\frac{3}{2}$.

2. (1) $\frac{8}{3}$； (2) 3ln3； (3) $4-2\arctan 2$.

3. (1) e^2+1； (2) -2； (3) $\frac{1}{4}(e^2+1)$； (4) 1； (5) 1； *(6) $-\frac{e+1}{2}$.

习题 6.4(1)

1. (1) $\frac{1}{3}$； (2) $\frac{15}{4}$； (3) $\frac{4}{3}$； (4) e^2-e.

2. (1) $\frac{9}{2}$； (2) $\frac{1}{6}$； (3) $\frac{9}{2}$； (4) $\frac{3}{2}-\ln 2$； (5) $e+\frac{1}{e}-2$；

(6) $\frac{\sqrt{3}+4\pi}{3}$或$\frac{8\pi-\sqrt{3}}{3}$.

3. (1) $\frac{6\sqrt[3]{2}-3}{4}$； (2) $e-1$； (3) $\frac{125}{6}$； (4) $4-\ln 3$.

4. (1) $\frac{\pi^2}{2}$； (2) $\frac{\pi}{2}$； (3) $\frac{\pi}{5}$.

5. $\frac{2}{3}(2\sqrt{2}-1)$.

习题 6.4(2)

1. 150 万元;250 万元；-100 万元.
2. $q^3-7q^2+100q+10\ 000$.
3. (1) 2400； (2) 100.
4. (1) 900 件； (2) -16 元.

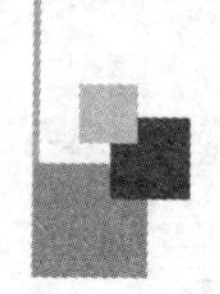

附录 A　常用初等数学公式

一、代数部分

1. 绝对值与不等式

绝对值定义：$|a|=\begin{cases}a, & a\geqslant 0\\ -a & a<0\end{cases}$

(1) $\sqrt{a^2}=|a|,|-a|=|a|$

(2) $-|a|\leqslant a\leqslant |a|$

(3) 若$|a|\leqslant b(b>0)$，则$-b\leqslant a\leqslant b$

(4) 若$|a|\geqslant b(b>0)$，则$a\geqslant b$或$a\leqslant -b$

(5) $|a+b|\leqslant |a|+|b|$

(6) $|a-b|\geqslant |a|-|b|$

(7) $|a\cdot b|=|a|\cdot |b|$

(8) $\left|\dfrac{a}{b}\right|=\dfrac{|a|}{|b|}\quad (b\neq 0)$

2. 指数运算

(1) $a^m\cdot a^n=a^{m+n}$

(2) $\dfrac{a^m}{a^n}=a^{m-n}$

(3) $(a^m)^n=a^{m\cdot n}$

(4) $(a\cdot b)^m=a^m\cdot b^m$

(5) $\left(\dfrac{b}{a}\right)^m=\dfrac{b^m}{a^m}$

(6) $a^{\frac{m}{n}}=\sqrt[n]{a^m}$

(7) $a^{-m}=\dfrac{1}{a^m}$

(8) $a^0=1$

3. 对数运算

(1) 零和负数没有对数

(2) $\log_a a=1$

(3) $\log_a 1=0$

(4) $\log_a(m\cdot n)=\log_a m+\log_a n$

(5) $\log_a\left(\dfrac{m}{n}\right)=\log_a m-\log_a n$

(6) $\log_a m^n=n\log_a m$

(7) $a^{\log_a N}=N$（对数恒等式）

(8) $\log_a b=\dfrac{\log_c b}{\log_c a}$（换底公式）

（特别地，当 $a=\mathrm{e}$ 时，有：$\ln\mathrm{e}=1$，$\ln 1=0$，$\ln(m\cdot n)=\ln m+\ln n$，$\mathrm{e}^{\ln N}=N$ 等）

(9) $\mathrm{e}=2.718\ 281\ 828\ 459\cdots\cdots$　　(10) $\lg\mathrm{e}=0.434\ 294\ 481\ 903\cdots\cdots$

4. 乘法与因式分解公式

(1) $(x\pm y)^2=x^2\pm 2xy+y^2$

(2) $(x\pm y)^3=x^3\pm 3x^2y+3xy^2\pm y^3$

(3) $x^2-y^2=(x+y)(x-y)$

(4) $x^3\pm y^3=(x\pm y)(x^2\mp xy+y^2)$

(5) $x^n-y^n=(x-y)(x^{n-1}+x^{n-2}y+x^{n-3}y^2+\cdots+xy^{n-2}+y^{n-1})$

5. 数列公式

(1) 等差数列

通项公式 $a_n=a_1+(n-1)d$

前 n 项和 $s_n=\sum\limits_{i=1}^{n}a_i=a_1+(a_1+d)+(a_1+2d)+\cdots+[a_1+(n-1)d]$

$$=\frac{(a_1+a_n)n}{2}=na_1+\frac{n(n-1)}{2}d$$

特例：$1+2+3+\cdots+n=\dfrac{n(n+1)}{2}$

$$1+3+5+\cdots+(2n-3)+(2n-1)=n^2$$

(2) 等比数列　（公比 $q\neq 1$）

通项公式　$a_n=a_1q^{n-1}=a_2q^{n-2}=\cdots=a_{n-1}q$

前 n 项和 $s_n=a_1+a_1q+a_1q^2+\cdots+a_1q^{n-1}=a_1\dfrac{1-q^n}{1-q}$

(3) $1^2+2^2+3^2+\cdots+n^2=\dfrac{1}{6}n(n+1)(2n+1)$

(4) $1^3+2^3+3^3+\cdots+n^3=\dfrac{1}{4}[n(n+1)]^2$

(5) $(a+b)^n=a^n+\mathrm{C}_n^1a^{n-1}b+\mathrm{C}_n^2a^{n-2}b^2+\mathrm{C}_n^3a^{n-3}b^3+\cdots+\mathrm{C}_n^{n-1}ab^{n-1}+b^n$

二、三角函数

1. 同角三角函数关系式

(1) $\sin^2\alpha+\cos^2\alpha=1$

(2) $\tan\alpha=\dfrac{\sin\alpha}{\cos\alpha}$

(3) $\cot\alpha=\dfrac{1}{\tan\alpha}$

(4) $\sec\alpha = \dfrac{1}{\cos\alpha}$

(5) $\csc\alpha = \dfrac{1}{\sin\alpha}$

(6) $\sec^2\alpha - 1 = \tan^2\alpha$

(7) $\csc^2\alpha - 1 = \cot^2\alpha$

2. 诱导公式("奇变偶不变,符号看象限")

角 A / 函数	$A = \dfrac{\pi}{2} \pm \alpha$	$A = \pi \pm \alpha$	$A = \dfrac{3\pi}{2} \pm \alpha$	$A = 2\pi - \alpha$
$\sin A$	$\cos\alpha$	$\mp \sin\alpha$	$-\cos\alpha$	$-\sin\alpha$
$\cos A$	$\mp \sin\alpha$	$-\cos\alpha$	$\pm \sin\alpha$	$\cos\alpha$
$\tan A$	$\mp \cot\alpha$	$\pm \tan\alpha$	$\mp \cot\alpha$	$-\tan\alpha$
$\cot A$	$\mp \tan\alpha$	$\pm \cot\alpha$	$\mp \tan\alpha$	$-\cot\alpha$

3. 和差公式、积化和差公式

(1) $\sin(\alpha \pm \beta) = \sin\alpha\cos\beta \pm \cos\alpha\sin\beta$

(2) $\cos(\alpha \pm \beta) = \cos\alpha\cos\beta \mp \sin\alpha\sin\beta$

(3) $\tan(\alpha \pm \beta) = \dfrac{\tan\alpha \pm \tan\beta}{1 \mp \tan\alpha\tan\beta}$

(4) $\cot(\alpha \pm \beta) = \dfrac{\cot\alpha\cot\beta \mp 1}{\cot\alpha \pm \cot\beta}$

(5) $\sin\alpha + \sin\beta = 2\sin\dfrac{\alpha + \beta}{2}\cos\dfrac{\alpha - \beta}{2}$

(6) $\sin\alpha - \sin\beta = 2\cos\dfrac{\alpha + \beta}{2}\sin\dfrac{\alpha - \beta}{2}$

(7) $\cos\alpha + \cos\beta = 2\cos\dfrac{\alpha + \beta}{2}\cos\dfrac{\alpha - \beta}{2}$

(8) $\cos\alpha - \cos\beta = -2\sin\dfrac{\alpha + \beta}{2}\sin\dfrac{\alpha - \beta}{2}$

(9) $\sin\alpha\cos\beta = \dfrac{1}{2}[\sin(\alpha + \beta) + \sin(\alpha - \beta)]$

(10) $\cos\alpha\cos\beta = \dfrac{1}{2}[\cos(\alpha + \beta) + \cos(\alpha - \beta)]$

(11) $\sin\alpha\sin\beta = -\dfrac{1}{2}[\cos(\alpha + \beta) - \cos(\alpha - \beta)]$

4. 倍角和半角公式

(1) $\sin 2\alpha = 2\sin\alpha\cos\alpha$

(2) $\cos 2\alpha = \cos^2\alpha - \sin^2\alpha$

(3) $\tan 2\alpha = \dfrac{2\tan\alpha}{1-\tan^2\alpha}$

(4) $\cot 2\alpha = \dfrac{\cot^2\alpha - 1}{2\cot\alpha}$

(5) $\sin\dfrac{\alpha}{2} = \pm\sqrt{\dfrac{1-\cos\alpha}{2}}$

(6) $\cos\dfrac{\alpha}{2} = \pm\sqrt{\dfrac{1+\cos\alpha}{2}}$

(7) $\tan\dfrac{\alpha}{2} = \sqrt{\dfrac{1-\cos\alpha}{1+\cos\alpha}}$

(8) $\cot\dfrac{\alpha}{2} = \sqrt{\dfrac{1+\cos\alpha}{1-\cos\alpha}}$

5. 斜三角形的基本公式

(1) 正弦定理$\dfrac{a}{\sin A} = \dfrac{b}{\sin B} = \dfrac{c}{\sin C} = 2R$.（$R$ 为外接圆半径）

(2) $a^2 = b^2 + c^2 - 2bc\cos A$

(3) 正切定理$\dfrac{a-b}{a+b} = \dfrac{\tan\dfrac{A-B}{2}}{\tan\dfrac{A+B}{2}}$

(4) 面积公式 $S = \dfrac{1}{2}ab\sin C = \sqrt{p(p-a)(p-b)(p-c)}$　其中 $p = \dfrac{1}{2}(a+b+c)$

三、初等几何

下列公式中，R，r 表示半径，h 表示高，l 表示斜高，s 表示弧长，S 表示面积（侧面积），V 表示体积.

1. 圆及圆扇形

圆周长 $= 2\pi\cdot r$　面积 $= \pi\cdot r^2$

圆扇形：圆弧长 $s = r\cdot\theta$（圆心角 θ 以弧度计）$= \dfrac{\pi\cdot r\theta}{180}$（$\theta$ 以度计）

扇形的面积 $S = \dfrac{1}{2}r\cdot s = \dfrac{1}{2}r^2\theta$（圆心角 θ 以弧度计）

2. 正圆锥,正棱锥

正圆锥:体积 $V=\frac{1}{3}\pi\cdot r^2h$,侧面积 $S_{侧}=\pi\cdot r\cdot l$

正棱锥:体积 $V=\frac{1}{3}\times$底面积$\times$高,侧面积 $S_{侧}=\frac{1}{2}\times$斜高$\times$底周长

3. 圆台

体积 $V=\frac{\pi h}{3}(R^2+r^2+Rr)$,侧面积 $S_{侧}=\pi\cdot l(R+r)$

4. 球体

体积 $V=\frac{4}{3}\pi\cdot r^3$,　表面积 $S=4\pi\cdot r^2$

附录 B　常用微积分计算公式和法则

一、函数的极限公式

(1) $\lim\limits_{x\to 0}\dfrac{\sin x}{x}=1$

(2) $\lim\limits_{x\to 0}\dfrac{\tan x}{x}=1$

(3) $\lim\limits_{x\to 0}\dfrac{1-\cos x}{x^2}=\dfrac{1}{2}$

(4) $\lim\limits_{x\to \infty}\left(1+\dfrac{1}{x}\right)^x=\mathrm{e}$

(5) $\lim\limits_{x\to 0}(1+x)^{\frac{1}{x}}=\mathrm{e}$

(6) $\lim\limits_{x\to 0}\dfrac{\ln(1+x)}{x}=1$

(7) $\lim\limits_{x\to 0}\dfrac{\mathrm{e}^x-1}{x}=1$

(8) $\lim\limits_{x\to 0}\dfrac{(1+x)^\alpha-1}{x}=\alpha$

(9) $\lim\limits_{x\to 0}\dfrac{x-\sin x}{x^3}=\dfrac{1}{6}$

二、导数与微分

1. 导数的基本公式

(1) $C'=0$（C 为常数）

(2) $(x^a)'=ax^{a-1}$

(3) $(\log_a x)'=\dfrac{1}{x\ln a}$

(4) $(\ln x)'=\dfrac{1}{x}$

(5) $(a^x)'=a^x\ln a$

(6) $(\mathrm{e}^x)''=\mathrm{e}^x$

(7) $(\sin x)'=\cos x$

(8) $(\cos x)'=-\sin x$

(9) $(\tan x)'=\dfrac{1}{\cos^2 x}$

(10) $(\cot x)'=-\dfrac{1}{\sin^2 x}$

(11) $(\arcsin x)=\dfrac{1}{\sqrt{1-x^2}}$

(12) $(\arccos x)=-\dfrac{1}{\sqrt{1-x^2}}$

(13) $(\arctan x)=\dfrac{1}{1+x^2}$

(14) $(\mathrm{arccot}\, x)=-\dfrac{1}{1+x^2}$

2. 导数与微分的运算法则

(1) $(Cu)'=Cu'$　　$\mathrm{d}(Cu)=C\mathrm{d}u$

(2) $(u\pm v)'=u'\pm v'$　　$\mathrm{d}(u\pm v)=\mathrm{d}u\pm\mathrm{d}v$

(3) $(uv)'=u'v+uv'$　　$\mathrm{d}(uv)=u\mathrm{d}v+v\mathrm{d}u$

(4) $\mathrm{d}\left(\dfrac{u}{v}\right)=\dfrac{vu'-uv'}{v^2}$　　$\mathrm{d}\left(\dfrac{u}{v}\right)=\dfrac{v\mathrm{d}u-u\mathrm{d}v}{v^2}$

(5) $f'_x[\varphi(x)] = f'_u(u) \cdot \varphi'(x)$ (复合函数求导法则,其中 $u = \varphi(x)$)

三、不定积分

1. 不定积分的基本公式

(1) $\int 0 \mathrm{d}x = C$

(2) $\int x^a \mathrm{d}x = \frac{x^{a+1}}{a+1} + C(a \neq -1)$

(3) $\int \frac{1}{x} \mathrm{d}x = \ln|x| + C$

(4) $\int a^x \mathrm{d}x = \frac{a^x}{\ln a} + C$

(5) $\int \mathrm{e}^x \mathrm{d}x = \mathrm{e}^x + C$

(6) $\int \sin x \mathrm{d}x = -\cos x + C$

(7) $\int \cos x \mathrm{d}x = \sin x + C$

(8) $\int \tan x \mathrm{d}x = -\ln|\cos x| + C$

(9) $\int \cot x \mathrm{d}x = \ln|\sin x| + C$

(10) $\int \frac{1}{\sin^2 x} \mathrm{d}x = -\cot x + C$

(11) $\int \frac{1}{\cos^2 x} \mathrm{d}x = \tan x + C$

(12) $\int \frac{1}{a^2 + x^2} \mathrm{d}x = \frac{1}{a} \arctan \frac{x}{a} + C$

(13) $\int \frac{1}{\sqrt{a^2 - x^2}} \mathrm{d}x = \arcsin \frac{x}{a} + C$

(14) $\int \frac{1}{\sqrt{a^2 + x^2}} \mathrm{d}x = \ln(x + \sqrt{a^2 + x^2}) + C$

(15) $\int \frac{1}{\sqrt{x^2 - a^2}} \mathrm{d}x = \ln(x + \sqrt{x^2 - a^2}) + C$

2. 不定积分的运算性质和法则

(1) $\left(\int f(x) \mathrm{d}x\right)' = f(x)$ 或 $\mathrm{d}\int f(x) \mathrm{d}x = f(x) \mathrm{d}x$

$\int f'(x) \mathrm{d}x = f(x) + C$ 或 $\int \mathrm{d}f(x) = f(x) + C$

(2) $\int [af(x) + bg(x)] \mathrm{d}x = a\int f(x) \mathrm{d}x + b\int g(x) \mathrm{d}x$

(3) $\int uv' \mathrm{d}x = uv - \int vu' \mathrm{d}x$ 或 $\int u \mathrm{d}v = uv - \int v \mathrm{d}u$

(4) 若 $\int f(u) \mathrm{d}u = F(u) + C$,则 $\int f[\varphi(x)]\varphi'(x) \mathrm{d}x = \int f(u) \mathrm{d}u = F(u) + C = F[\varphi(x)] + C$ (其中 $u = \varphi(x)$)

四、定积分性质

(1) 规定:$\int_a^a f(x) \mathrm{d}x = 0$ 及 $\int_a^b f(x) \mathrm{d}x = -\int_b^a f(x) \mathrm{d}x$

(2) $\int_a^b f(x) \mathrm{d}x = \int_a^c f(x) \mathrm{d}x + \int_c^b f(x) \mathrm{d}x$ (区间可加性)

(3) 若 $f(x)$ 在 $[-a,a]$ 上是奇函数，则 $\int_{-a}^{a} f(x)\mathrm{d}x = 0$

(4) 若 $f(x)$ 在 $[-a,a]$ 上是偶函数，则 $\int_{-a}^{a} f(x)\mathrm{d}x = 2\int_{0}^{a} f(x)\mathrm{d}x$

参 考 文 献

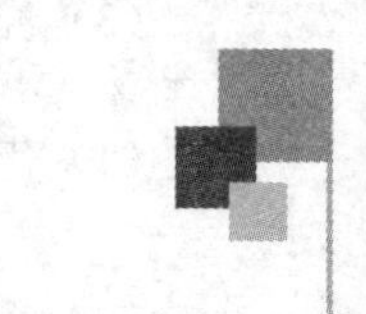

[1] 朱志雄,杨树清.高等数学(上册)[M].2版.北京:高等教育出版社,2015.

[2] 柳重堪.高等数学[M].北京:中央广播电视大学出版社,1999.

[3] 黎诣远.经济数学基础[M].北京:高等教育出版社,1998.

[4] 顾静相.经济数学基础[M].3版.北京:高等教育出版社,2008.

[5] 张文俊.数学欣赏[M].北京:科学出版社,2011.

[6] 同济大学数学系.高等数学(上册)[M].7版.北京:高等教育出版社,2014.

[7] 同济大学应用数学系.高等数学(本科少学时类型)[M].3版.北京:高等教育出版社,2006.

[8] 吴振奎,吴健,吴旻.数学大师的创造与失误[M].天津:天津教育出版社,2004.